花朝花开 花满堤

◎徐利平　郭柏峰　主编◎

中国林业出版社
China Forestry Publishing House

主　　编： 徐利平　郭柏峰
副 主 编： 李荣华　潘胜阳　成　君　杜敏剑
编　　委： 戴瑜豫　陈　黎　王　未　孙曙焰　张　明　石旭源　陈欢欢
王隆达　陈　昕　黄九菊　饶　俊　施钢梁　赵士猛

封面题字： 华海镜

图书在版编目（CIP）数据
花朝花开花满堤 / 徐利平，郭柏峰主编. –北京：
中国林业出版社, 2019.7

ISBN 978-7-5219-0189-4

Ⅰ. ①花… Ⅱ. ①徐… ②郭… Ⅲ. ①花卉—观赏园艺
Ⅳ. ①S68

中国版本图书馆CIP数据核字(2019)第156185号

责任编辑： 贾麦娥　孙　瑶
出版发行： 中国林业出版社
（100009 北京市西城区刘海胡同7号）
电　　话： 010-83143629
印　　刷： 固安县京平诚乾印刷有限公司
版　　次： 2020年3月第1版
印　　次： 2020年3月第1次印刷
开　　本： 710mm × 1000mm　1/16
印　　张： 11.25
字　　数： 300千字
定　　价： 108.00元

西溪风情半花朝

花朝花开花满堤，一年中最浪漫的中国传统节日，当是花朝节。

花朝节是百花之神的生日，一般定为每年的农历二月十五。花朝节和中秋节并称“花朝月夕”，花好月圆，人间美事，古今一也。

中国杭州西溪国家湿地公园风情万种，是杭城最具野趣的城郊开放式园林。在杭州市人民政府和西溪湿地管委会的共同努力下，自2011年4月9日成功举办首届中国杭州·西溪花朝节以来，年年春天的西溪花团锦绣，游人如织，杭州西溪花朝节已成为闻名国内外的赏花游节日。

花朝如流水，花开似赛事。作为西溪花朝节的策划设计及施工方，杭州赛石园林集团着力做好花卉主题景观打造和节日氛围的营造工作，复兴和发扬花朝节文化。通过梳理传统花朝节的文化内涵和审美特质，结合西溪的景观气质，将花诗、花画、花乐、花舞等元素引入到造景和赏花游活动中来，倾力打造西溪花朝节雅致、浪漫、休闲的美好形象，春季到西溪探春赏花已成为西溪湿地旅游的重头戏。

借助景区水多、桥多、堤多的优势，历届西溪花朝节采用数百种观赏性的植物按展区进行规划和布置，将乔灌类花卉、草本类花卉、藤本类花卉、水生类花卉、观叶类植物进行有机搭配，植物造景注重意境，强化色彩、质感和空间的呼应，令西溪春季园林景观多层次，多变化，步步皆景，如诗如画，营造了西溪“江南花都、梦里水乡”休闲旅游目的地形象。

杭州赛石园林集团将历届西溪花朝节最美的瞬间聚拢成一片花海，以图文并茂的形式编著成《花朝花开花满堤》。本书系统讲述了西溪花朝节的缘起、花卉配置特色，分类介绍了西溪花朝节的重点花卉，用心挖掘整理花朝节相关的花卉文化，是对花朝节的一个回顾和总结，也是江南园林和花卉文化融合共赢发展的重要成果。

本书精选西溪花朝节花卉造景经典案例，集中展示华东地区春季开花植物，配图采用实景、景观小品和花卉特写相结合，文字严谨典雅，兼顾专业性和文学性。既是西溪花朝节的赏花识花观景指南，又是花朝节的主题文化读本，体例精当，编排科学，版式美观，可供风景园林工作者和植物爱好者学习参考。

西溪之美四季各有风味，花朝节是其中最醉人的春风。花朝之美是鲜活的，立体的，动态的，可传承和发扬的。一曲溪流一曲烟，一树春花一树明。花开盛世，大美可亲。期待本书的出版为传播西溪花朝节文化，为风行全国的赏花游热潮添上精彩的一笔。

《中国园林》杂志社社长、常务副主编，
浙江农林大学教授、博士生导师

2019年11月

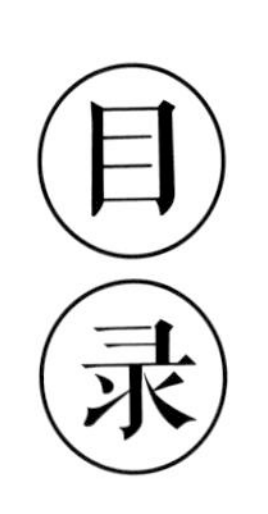

第一章　花朝节概论

花朝节　8
西溪花朝节　12

第二章　西溪花朝节花卉配置特色

西溪花朝节花卉配置特色　18

第三章　西溪花朝节花卉

乔灌类花卉

垂丝海棠　30
西府海棠　32
八棱海棠　34
贴梗海棠　35
木瓜　36
北美海棠　38
映山红　40
满山红　42
羊踯躅　43
马银花　44
马醉木　45
山楂　47
琼花　48
梅　50
美人梅　51
杏梅　52
榆叶梅　54
钟花樱　55
樱桃　56
染井吉野樱　58
日本晚樱　59
郁金樱　60
帚桃　63
紫丁香　64
白丁香　65
暴马丁香　66
玉兰　67
紫玉兰　68
望春玉兰　69
星花玉兰　70
二乔玉兰　71
牡丹　72
金丝桃　74
月季花　75
玫瑰　76
锦带花‘红王子’　79
喷雪花　80
郁香忍冬　81
紫荆　82
八仙花　84

草本类花卉

芍药 86
飞燕草 87
羽扇豆 88
毛地黄 90
大花耧斗菜 92
风铃草 93
花毛茛 94
南非万寿菊 95
金鱼草 96
花烟草 98
雏菊 99
何氏凤仙花 100
超级凤仙‘桑蓓斯’ 101
旱金莲 102
四季海棠 103
黄晶菊 104
白晶菊 105
冰岛虞美人 106
东方虞美人 108
藿香蓟 109
银叶菊 110
天竺葵 111
麝香百合 112
大花葱 113
郁金香 114
三色堇 115
角堇 116
美女樱 117
紫罗兰 118
一串红 119
孔雀草 120
万寿菊 121
木茼蒿 122
勋章菊 123
诸葛菜 124
油菜 125
矢车菊 126
花菱草 127
紫云英 128
蓟 129
春飞蓬 130
蒲公英 131
板蓝根 132
薄荷 133
罗勒 134
益母草 135
夏枯草 136
薰衣草 137

藤本类花卉

铁线莲 138
野蔷薇 139
多花蔷薇 140
紫藤 142
木香 144
黄木香 145

水生类花卉

黄菖蒲 146
鸢尾‘路易斯安娜’ 147
睡莲 148
萍蓬草 149
荇菜 150

观叶类植物

红枫 151
日本红枫 152
羽毛枫 154
鸡爪槭‘金贵’ 155
鸡爪槭‘橙之梦’ 156
鸡爪槭‘蝴蝶’ 157
鸡爪槭‘幻彩’ 158
朱蕉 160

结语

附录

西溪绿堤 164
十二花神 176

壹

第 一 章

花朝节概论

花朝节

花朝节，又名『花朝』『花神节』『百花生日』『花神生日』『挑菜节』，是用来纪念中国民间信仰的百花之神。

花朝节

花朝节，又名“花朝”“花神节”“百花生日”“花神生日”“挑菜节”，是用来纪念中国民间信仰的百花之神。

在古时有“花王掌管人间生育”之说，在农耕的古代，人们希望子孙繁衍，生产力强盛，因此民间有很多供奉花神的习俗，花朝节也由来已久。

花朝节大致在“惊蛰”和“春分”之间，正是春回大地、万物萌发时节。《史记·太史公自序》中记载“夫春生夏长，秋收冬藏，此天道之大经也”；《汉书·律历志》云“少阳者，东方。东，动也，阳气动物，于时为春。春蠢也，物蠢生乃动运”，《尔雅·释天》将春视为青阳：气青而温阳，阐释了春天给人带来温暖的和煦阳光，说明“春为生命之始”，孕育万物；《逸周书》也云“禹禁，春三月山林不登斧，以成草木之长。”这些思想都表现了古人在草木萌发的春天对农耕的重视和对花草树木繁荣生长的保护，希望能有一个良好的开端；而百花齐放的胜景，也使得人们在此时节有了出游赏春的兴致。

花朝节印章

花朝簪花仕女图

花朝庙会

花朝节发展

花朝节是汉族传统节日，流行于东北、华北、华东、中南等地。举行时间因地而异，南方通常以二月十二为百花生日，北方则以二月十五为花朝节。

花朝节源起春秋，习俗初步形成于晋代，盛行于唐代，明清步入成熟期，清末民初衰落至几近消亡……距今已有2000多年的历史。在全国盛行的唐代，花朝节被命名为民间岁时八节之一，以二月十五为花朝节，与八月十五中秋节相对应，称“花朝月夕”。

中华文明上下5000年，花卉文化有3100多年，而花朝节文化的发展也有2000多年的历史，在漫长的历史进程中，流传着帝王和民众众多脍炙人口的花朝传说，留下太多耳熟能详的诗人和作家对花朝节的轶事和著作，为花朝文化的传承和发扬起到了巨大的作用。

唐代形成了花朝赏春、挑菜、宴饮的活动，奠定了花朝节的基调，其中花朝赏春更是现代花朝节的主要活动；宋代花朝节在此基础上增添了文人对春光易逝的惆怅，同时形成了一些花朝节赏春的著名景点。而元明清使得花朝节作为文学创作的元素出现在文学作品中，如元曲、小说，可作为行文的时间记录者或推动情节发展的动力，增加了花朝节的文学厚度。正因此，花朝节相关文化也渗透到现代影视作品中。

在御花园中“挑菜御宴”，这是唐太宗李世民时期的花朝节；令宫女采百花制花糕赏群臣，这是武则天最爱的花朝节；“赏红”，演《花神庆寿》，这是慈禧太后追求的花朝节。

万物生发，春和景明贺花朝

游春扑蝶，这是古代开封人的花朝节，“幽人雅士，赋诗合唱和”这是古代北京人的花朝节。

“花朝月夜春心动，谁忍相思不相见”，这是南唐梁元帝笔下的花朝思绪与情怀。

“千里仙乡变醉乡，参差城阙掩斜阳。雕鞍绣辔争门入，带得红尘扑鼻香”，这是孔尚任形容花朝踏青归来的盛况。

林黛玉出生在农历二月十二日，是著名作家曹雪芹笔下的花朝心绪，用百花仙子的气质，来衬托林妹妹，黛玉葬花更是《红楼梦》的经典片段。

“百花生日是良辰，未到花朝一半春；万紫千红披锦绣，尚劳点缀贺花神”，这是清代蔡云描绘民间庆贺百花生日风俗盛况的场景。

花朝节与花神文化

时代变迁，随着中华文明的不断发展演变，作为花神文化重要载体的花朝节形式也越来越多，花神的人物形象逐渐丰富饱满，花朝节也不仅限于祭祀花神，又形成和发展了众多与花卉相关的习俗。可谓日日有花开，月月有花神。花朝节也越来越成为人们的一种期许与盼望——经过万物凋零的冬季，百姓们都渴望在春暖花开、百花争艳时外出赏花踏青，愉悦身心，感受蓬勃生机，寄托新一年希望。

花朝节是从农事活动发展而来的，尊重自然法则，总结农事规律，万物有灵，并保持着敬畏之心，因此花朝节成了人类从“植物崇拜”向“宗教崇拜”的进化佐证。庙会成为了表达崇敬之心的活动载体，并由此产生了花神及其十二花神一系列的花朝节文化。

花朝节是百花生日，人们对于花卉的崇拜而有了花神，花神统领群花，掌管人间花木的兴衰。十二月每个月都有掌管花卉的花神和一位主花神，由于花卉文化由花卉人格化并走向神化，因此这十二位花神是古代一些才子、佳人对某种花卉最为热爱或者其品格似花而被封为花神。

花朝节作为节日，其背后总有文化的身影，花神文化作为花朝节的文化根基，是花朝节得以在社会传播的重要推手，提高了花朝节的整体影响力。花朝节与其背后的花文化相辅相成、互相促进。

花朝节与植物用材

花朝节是关于植物与花卉的节日，人们多以赏花为主，作为主角的花卉植物在花朝节时期是人们观赏、游玩的对象。在诗句、文献中出现最多的植物为柳树、桃花、杏花、梅花与海棠，都是早春常见的花卉植物种类，文人墨客对它们的描写也更为频繁，这与其本身的形态特征和生态习性有很大的关系。中国人的性格内敛含蓄，注重内秀，对花的喜爱也多为姿容清雅娇嫩的小花型植物。

张京元在《苏堤小记》中有云“堤两旁尽种桃花，萧萧摇落。想二三月，柳叶桃花，游人阗塞。”表现出桃红柳绿诗情画意般的景色，这些花卉为花朝节增添了无数美丽，与山水构成了优美画卷，吸引络绎不绝的游人前来踏青赏春。古人对景色进行观赏之余，也会注重对其的维护，张岱在《西湖梦寻》中有提到“贫民有犯法者，于西湖种树几株；富民有赎罪者，令于西湖开葑田数亩。”且对花朝节景观多采用木本花卉，能形成连续景观的植物材料，这也是西湖在南宋能保持花朝节赏春美景的基础之一。

花朝汉服秀

西溪花朝节

花谢花开，沧海桑田，时代发展到改革开放，文化大繁荣的今天，在建设美丽中国的大潮中，在杭州市人民政府、西溪湿地管委会以及杭州赛石园林集团有限公司的共同努力下，2011年4月9日，首届西溪花朝节在中国杭州西溪国家湿地公园成功举行。

几近退出岁月舞台的“花朝节”以全新的面貌呈现在了大家面前，杭城市民欣赏到了更胜于南宋繁华时期花朝节的热闹景象。时至今日，杭州西溪花朝节已慢慢成为了杭州市民乃至全省人民喜闻乐见的春季踏青、郊游赏花的盛事。

赏花踏青、陶冶情操、调节身心、乐享生活、品味文化……成为了早春时节西溪湿地旅游的重头戏，也是杭州市民乃至全国人民喜闻乐见的郊游踏青、赏花会友的重要旅游方式，构成了游春的高潮。

西溪花朝节以花卉植物为主体，以“一曲溪流一曲烟”的湿地独特地位优势和丰富的文化内涵为核心载体，以复兴和发扬花朝传统文化为己任，集中展示出西溪湿地深厚的文化内涵和独特的西溪花朝生态景观，以此作为花朝节在中华大地上复兴的一瞥。

杭州西溪花朝节，结合植物配置的原则和理念，从花朝文化、湿地文化、花卉景观空间营造、花卉意境表达等多个方面，将整个绿堤从地

纵情花朝享天伦

金灿灿的油菜花，映照丰收好年景

理位置上以三大展区进行规划和布置，分别命名为“开花盛世”“花映绿堤”“花漫西溪”，依次凸显了西溪花朝节的开端、高潮和尾声。

“诘晓三春暮，新雨百花朝”——姹紫嫣红的奇花异草在春和景明的西溪湿地次第开放，300多种开花乔灌木、400多种草本花卉共同装扮着整个西溪绿堤，营造出“花朝花开花满堤”的花朝盛景。

结合湿地特有的地理环境，在绿堤方圆1.09平方公里、长约1600米的主干道周边，利用水域堤坝、桥梁岛屿等环境，借助桥多水多堤多的特征，通过巧妙的主题式场景营造，色彩搭配，视觉安排，配置出生动鲜明的主题式场景或万紫千红的百花盛景，将游客的视线进行方位引导和聚焦，将西溪花朝节的氛围营造得分外浓郁，达到“场景虽有形，而意境无穷”的境地。在西溪花朝节，除了看花赏花，还可以玩在花朝，学在花朝，乐在花朝，体会西溪文化，花朝文化。

N
观察点二十
观察点十九
观察点十八
樱花之舞
铁迷之家
玫瑰之约
丁香之歌
百合之美
水下长廊
福
堤

西溪花朝节十二大主题花卉分区图

第　二　章

西溪花朝节花卉配置特色

花朝节

随着社会文明的进步，花卉不断融入人类生产活动，花卉被赋予人格形象和精神内涵，进而被赋予神话色彩，民间很早就有了『花神』称谓，人们按照十二月令花卉，每月选出一花，花人相配，称作『十二花神』。

西溪花朝节花卉配置特色

融合传统文化

随着社会文明的进步，花卉不断融入人类生产活动，花卉被赋予人格形象和精神内涵，进而被赋予神话色彩，我们民间很早就有了“花神”称谓，人们按照十二月令花卉，每月选出一花，花人相配，称作“十二花神”。

最早的花神是为百姓“尝百草”的神农氏，尊其为“花皇”。民间流传较广的花神为：

一月兰花、二月梅花、三月桃花、四月牡丹、五月石榴、六月荷花、七月蜀葵、八月桂花、九月菊花、十月木芙蓉、十一月山茶花、十二月水仙花。

民间有十二花神，西溪花朝节在绿堤的花卉配置上，选取12大类主题花卉作为西溪花朝节12大名花，来与之呼应。主要有海棠、琼花、杜鹃、牡丹、梅花、紫藤、山楂、玫瑰、铁线莲、樱花、丁香、百合等，分别命名为：海棠之语、琼花之魅、杜鹃之意、牡丹之韵、梅花之香、紫藤之蔓、山楂之恋、玫瑰之约、铁迷之家、樱花之舞、丁香之歌、百合之美。

这些花卉，或色彩明艳，或花开烂漫，或花型奇特，或馥郁芳香，或文化深厚，皆集中于早春盛放，描绘出了一幅花团锦簇、姹紫嫣红、百花齐放的明媚春景。一朵朵、一棵棵，一片片盛开的鲜花，绽放在西溪绿堤。

海棠之语——展现红楼梦中海棠诗社的场景

百合之美——心心相印，和和美美

花漫西溪，幸福流淌

花朝大游行

遵循原始生态

西溪湿地不是传统意义上的公园，“生态优先，保护第一”是杭州市政府在启动西溪湿地综合保护工程时提出需要遵循的首要原则。在湿地的综合管理和生态修复过程中，这也是严格遵守的红线。这里生态资源丰富、自然景观质朴、文化积淀深厚，曾与西湖、西泠并称杭州“三西”，是目前国内第一个也是唯一一个集城市湿地、农耕湿地、文化湿地于一体的国家湿地公园。在这样一块历史积淀深厚的土壤上恢复具有文化传承的花朝节，可谓顺应民意和相得益彰。

在花朝节的设计布展中，也严格遵循这一原则。在植物选配时，做到了在最大程度上吻合湿地原有的植物群落和特色，在尽量不破坏原有植被的情形下，选择适宜的花卉。西溪之胜，独在于水。水是西溪的灵

西溪曲水寻梅

紫藤临水而植，既丰富了河岸，也可以固堤护坡

晶莹洁白的白晶菊，配上活泼可爱的小白兔，野趣盎然

蓝色的藿香蓟，为早春的西溪增添了无穷野趣

魂，作为传统节庆活动的花朝节，与西溪这一特色环境相融合时，自然离不开水的文章。临水栽植的古梅、喷雪花、琼花、紫藤，其花其态皆活灵活现地在水岸边勾勒绽放，不仅美化西溪环境，更可固堤护坡。

回归湿地野趣

较之西湖的精致，西溪常自称为村姑。她质朴、素雅、野趣横生，更富有1600多年的历史文化积淀。在花卉的选择上，自然就避开了杭州西湖边固有的桃红柳绿，而选择更加富有野趣的花卉素材。

在这些花卉的配置上，力求原始野趣，师法自然，突出野生的群落感。因此，花卉植物都以大片大片的种植方式出现，同时区别于市政花坛的模纹线条，凸显西溪花朝节下特有野趣。如东方虞美人、翠雀、喷雪花、藿香蓟、 白晶菊、旱金莲、紫云英、矢车菊等。其中部分品种选择了秋季撒播的方式来营造花卉景观。

展现花卉内涵

花朝节作为一个传统节日，距今有2000多年的历史，文化积淀丰厚，因此西溪花朝节花卉配置上更离不开传统文化。在展示花卉外在美丽的前提下，更可以发掘传统的文化内涵，达到寓教于乐的目的。如杜鹃之意——近百株不同品种和花色的杜鹃花科植物如映山红、马醉木、满山红、马银花、羊踯躅、东洋鹃等，结合景石、白沙和古亭等多个设计元素，形成一幅写意山水画。

山花开似锦，涧水湛如蓝，花谢花开，岁月更迭

白墙黛瓦，姹紫嫣红，描绘锦绣岁月

体现新奇特美

在继承和发扬传统文化的前提下，不断创新和发掘新品种。这也是西溪花朝节所秉承的布展原则，积极引进国内外的新品种，在西溪花朝节上加以应用。

“紫藤之蔓”区域汇聚了十余个国内外紫藤品种，有红、白、紫、粉等花色，形成了一块浪漫小天地。

而“玫瑰之约”婚庆庄园主要是由进口自英国的高品质月季，辅以国产月季布置而成。英国进口月季花型独特，可与牡丹媲美，同时具有花色丰富、花香沁人、花期时间长等特点。

藤本月季‘龙沙宝石’，花瓣层层叠叠，闪耀着宝石般光彩，犹如一幅油彩画

藤本皇后铁线莲，花大如掌，花茎如丝

花卉空间组合

作为百花生日的花朝节，势必要展现百花盛开的场景，因此需要在节点处呈现多角度百花齐放的盛况。因早春气温不稳定，木本花卉的花期一般较难控制，而草本类花卉的花期一般较长，足以维持40～50天，可以在很大程度上延长该区域的整体观赏期。

在花卉品种的配置上注重木本花卉与草本花卉的花期、开花寿命及生长势等方面的协调，考虑每个组合内部植物构成的比例，及这种结构本身与游览路线的关系，可以在很大程度上延长该区域的花期。比如在木本海棠植株下种植较为耐阴的四季海棠，在樱花下种植黄晶菊等，可以将该场景的观赏时间有限延展。

头顶海棠绽放，脚下鲜花盛开，置身其间，美不胜收

樱花雨下盛开的黄晶菊，诗意盎然

水面浮岛，花团锦簇

临水，岛屿鲜花盛开，好一幅盛世春景

水陆双壁结合

水是西溪湿地的灵魂，水体也是常见的植物造景要素。西溪花朝节自然式护坡采用捆笼木桩护坡、编条木桩护坡、块石柳根护坡等手法。植物在水面的倒影可以极大地增强花卉的观赏幅度，达到更为震撼的效果。

此外，为了减少早春大体量水面的单调，利用生态浮岛来配置成花卉种植槽，丰富水面的景观。其上配置有颜色鲜艳的花卉，点缀在水面或者鱼塘的一隅，也可以将游人的视线从路边吸引到水面。其形成的倒影，更可以将景观无限延伸。

堤、岛也是西溪湿地的特色区域。水体中设置堤、岛，是划分水面空间的主要手段，堤常与桥相连。堤、岛的植物配置，不仅增添了水面空间的层次，而且丰富了水面空间的色彩，倒影成为了主要景观。岛的类型很多，大小各异。利用原有的植物，在地面嵌种上红色、黄色等亮色系的地被花卉，让游客在视线范围内，皆有景观可以欣赏。

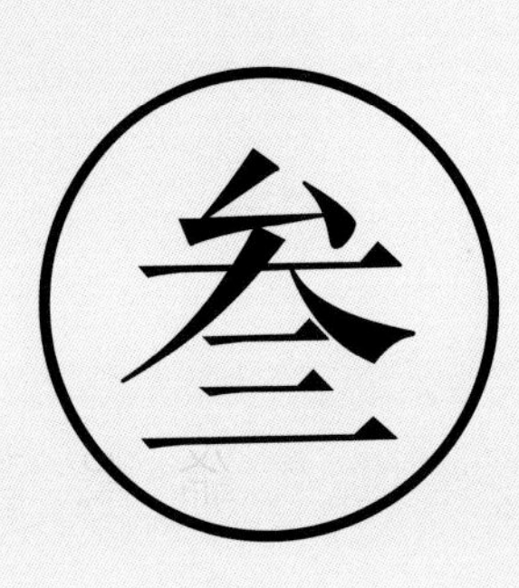

第　三　章

西溪花朝节花卉

花朝花开花满堤，满堤鲜花绽放，主要花卉品种有：乔灌类花卉、草本类花卉（含球根类、中草药及芳香类花卉）、藤本类花卉、水生类花卉及观叶类植物等。

垂丝海棠

Malus halliana
蔷薇科 苹果属

垂丝海棠，垂下的花朵，如娇红袅碧丝，千娇百媚娘

落叶小乔木，因其花梗细弱，花朵下垂而得名。树冠开展，叶片卵形或椭圆形至长椭卵形；伞房花序，具花4～6朵，花瓣倒卵形，基部有短爪，粉红色；果实梨形或倒卵形，略带紫色，成熟很迟，萼片脱落。

垂丝海棠没有香味，张爱玲所言“平生三大恨”中的海棠无香就是指该品种海棠。

垂丝海棠花叶同出，玲珑有致，但其叶子却低调很多，隐藏在花朵背后。其妙处全在一个“垂”字，娇红袅碧丝，是千娇百媚的少女。正如《看山阁闲笔》所云：“是花之娇美在于半含不吐之时，不在已放全舒之际。”

赏垂丝海棠，得凑近了看，含苞时，好似胭脂匀染，及拆花蕾，则渐成撷晕，至落时如宿妆残粉，生的如此千娇百媚，足以傲视平常花木，偏又低眉垂首，无一丝荡意。

夜里掌灯看垂丝海棠，更是妙不可言，这个乐趣，东坡先生最懂了。著有诗句，“只恐夜深花睡去，故烧高烛照红妆”，因此海棠雅号“解语花”。

粉红色的垂丝海棠，映照出整个明媚春光

西府海棠

Malus micromalus
蔷薇科 苹果属

“偷来李蕊三分白，借得梅花一缕魂。”尽显西府海棠神韵

又名海红、小果海棠。

落叶小乔木，树态峭立，似亭亭少女。伞形总状花序，有花4～7朵，集生于小枝顶端，花梗长2～3厘米，基部有短爪，粉红色，花蕾时深粉红色，开放后淡粉红色至近白色，有香气。果实近球形，直径1～1.5厘米，红色。

西府海棠因生长于西府（今陕西宝鸡）而得名，西府海棠是恭王府的名花，是我国的传统名花之一。

花姿潇洒，既香且艳，素有“花中神仙”“花贵妃”“国艳”的美誉。也是“红楼梦”中“怡红院”的标志性植物。怡红院一进门便可看到院中“一边种着数本芭蕉，那一边乃是一棵西府海棠”。一绿一红，因此怡红院刚开始的名字叫做“怡红快绿”，后改作了怡红院。贾政又名西府海棠为“女儿棠”。

林黛玉的“偷来李蕊三分白，借得梅花一缕魂”，尽得海棠神韵。

据考证，宋代李清照的“试问卷帘人，却道海棠依旧”中的海棠为西府海棠。一句“绿肥红瘦”贴切地点出了一夜风雨过后海棠的变化，绿、红两种颜色代指海棠叶和海棠花，肥、瘦两种形态传神地描绘了雨后枝叶茂盛和花瓣凋萎，既生动形象又准确得体。“绿肥红瘦”历来为人所称道，简直可以作海棠的代称。

海棠还是周恩来总理生前最钟爱的花卉之一，北京中南海西花厅内广植西府海棠。

据明代《群芳谱》记载："海棠有四品，皆木本"。这四品是指"西府海棠、垂丝海棠、木瓜海棠和贴梗海棠"，而西府海棠又是海棠中的上品。

西府海棠，树态峭立，似亭亭少女

八棱海棠

Malus robusta
蔷薇科 苹果属

白中带粉，恣意绽放的八棱海棠，好似酒后的书生，害羞中带着狂野

又名怀来海棠、海红。

八棱海棠是河北省怀来县的著名特产，栽培八棱海棠历史悠久。由于海棠果呈扁平形，四周又有明显的八道棱凸起，故得名。

八棱海棠枝条细长、均匀且柔软，树型优美，花白中带淡粉。果实近球形，直径1.5～2厘米，红色，是我国栽培历史悠久的果中珍品。

贴梗海棠

Chaenomeles speciosa

蔷薇科 木瓜属

淡雅俏秀，多姿多彩的贴梗海棠，好似待嫁的美艳新娘

又名皱皮木瓜。

落叶灌木。枝条直立开展，有刺，叶片卵形至椭圆形，先端急尖稀圆钝，基部楔形至宽楔形，边缘具有尖锐锯齿。

花先叶开放，3～5朵簇生于二年生老枝上，花直径3～5厘米，花瓣倒卵形或近圆形，猩红色，稀淡红色或白色；果实球形或卵球形，直径4～6厘米，黄色或带黄绿色，有稀疏不明显斑点，味芳香。果梗短或近于无梗。

贴梗海棠，枝密多刺可作绿篱，亭亭玉立，花果繁茂，灿若云锦，清香四溢，效果甚佳。

可制作多种造型的盆景，被称为盆景中的十八学士之一。

木瓜

Chaenomeles sinensis
蔷薇科 木瓜属

木瓜开花清新秀丽

木瓜果，可入药

又名光皮木瓜。

落叶小乔木，树皮呈片状脱落，较光滑。叶片椭圆卵形或椭圆长圆形，基部宽楔形或圆形，边缘有刺芒状尖锐锯齿；花淡粉红色，花单生于叶腋，花直径2.5～3厘米；梨果长椭圆形，果梗短，木质，暗黄色，味芳香。木瓜树姿优美，花簇集中，花量大，花色美。

西溪花朝节的“海棠之语”，再现《红楼梦》中“海棠诗社”场景，这里集中展示了垂丝海棠、西府海棠、八棱海棠、贴梗海棠、北美海棠等特色精品木本海棠，地面配以多品种四季海棠，运用园林手法，展现生态与文化，让红楼梦场景与西溪完美结合。

借芭蕉和海棠展现了一个历史与当下、幻象与真实穿插融合的空间。廊道尽头的海棠，点出了《红楼梦》中“海棠诗社”的灵魂。穿越历史，回归现实，且看云淡风轻。

此外，海棠四品中另外一个种——木瓜海棠，其花也极其漂亮。

经常在餐桌上见到的木瓜，实际为原产南美洲的物种番木瓜（*Carica papaya* L. 番木瓜科番木瓜属），17世纪传入我国，如今已成为大众化水果。

“秾丽最宜新著雨，娇娆全在欲开时”。海棠花姿潇洒，花开似锦，自古以来是雅俗共赏的名花，在园林中常与玉兰、牡丹、桂花相配植，形成“玉棠富贵”的意境。历代文人多有脍炙人口的诗句赞赏海棠。

西溪花朝节“海棠诗社”场景示意图

不同字体的“海棠诗社”刻画在枕木上

花朝节上未种植的海棠——木瓜海棠

北美海棠

Malus 'American'
蔷薇科 苹果属

北美海棠树形分枝多变，花色艳丽

又名现代海棠。

该品种是由美国、加拿大的苗圃和植物研究人员从自然杂交的海棠中选育出来的，在北美已经流行并应用了数十年以上，故称之为“北美海棠”。

落叶小乔木，树型呈圆丘状，或整株直立呈垂枝状。分枝多变，互生、直立、悬垂等，无弯曲枝；树干颜色为新干棕红色、黄绿色，老干灰棕色；花朵基部合生。花色白色、粉色、红色、鲜红色，花序分伞状或着伞房花序的总状花序，多有香气。肉质梨果，有红色、黄色，或着绿色。

北美海棠适应性很强，春天在艳红的花开过后鲜红的新叶层层展开，秋冬季满树红果累累，经霜后晶莹剔透，红果悬垂至春，是秋冬季节的观果佳品。

北美海棠树形分枝多变，花色艳丽

映山红

Rhododendron simsii
杜鹃花科 杜鹃属

溪头忽现映山红

又名杜鹃花、清明花、山踯躅、山石榴、照山红。

落叶或半常绿灌木，分枝多而纤细。叶革质，常集生枝端，卵形、椭圆状卵形或倒卵形或倒卵形至倒披针形，先端短渐尖，基部楔形或宽楔形，上面深绿色，花2～6朵簇生枝顶；花冠阔漏斗形，玫瑰色、鲜红色或暗红色，蒴果卵球形，花萼宿存。

早春时节盛开的杜鹃花，闪烁于山野，妆点于园林，自古以来就博得人们的欢心。大诗人李白见杜鹃花想起家乡的杜鹃鸟，触景生情，写出了一首脍炙人口的诗。

《宣城见杜鹃花》

蜀国曾闻子规鸟，宣城又见杜鹃花。

一叫一回肠一断，三春三月忆三巴。

在生物界，花鸟同名是一种较为少见的现象，而杜鹃（映山红）却是如此。可谓“杜鹃花里杜鹃啼”。杜鹃花与杜鹃鸟之间，本身没有什么科学上的关联。只是杜鹃鸟的嘴角上有红色的斑斓之纹，看上去就好像啼血一般，而杜鹃鸟的啼鸣期与杜鹃花的盛开期又恰好吻合，因此才有这个传说——望帝（杜宇）啼血。

在古代，冬至后的105天，即清明节前的一两日，人们会禁烟火，只吃冷食，是为寒食节。而映山红的花期一般也在寒食节的前后，因此有诗云："一朵又一朵，并开寒食时。谁家不禁火，总在此花枝。"

大诗人白居易尤其钟情杜鹃花，盛赞映山红"闲折两枝持在手，细看不似人间有。花中此物似西施，芙蓉芍药皆嫫母"。将其比喻为美人西施，相比之下，芙蓉芍药之流，全都黯然失色。因此，杜鹃又被称为"花中西施"。

白居易不止一次将杜鹃花凌驾于其他花之上——"回看桃李无颜色，映得芙蓉不是花"，甚至在《山石榴花十二韵》中将杜鹃花封为百花之王："好差青鸟使，封作百花王。"

映山红遍，情满西溪

满山红 | *Rhododendron mariesii* 杜鹃花科 杜鹃属

晶莹剔透满山红，开在乍暖还寒的西溪，一下子明亮起来

又名马石郎、守城满山红。

落叶灌木，枝轮生，叶厚纸质或近于革质，常2～3枚集生枝顶，椭圆形、卵状披针形或三角状卵形。花芽卵球形，鳞片阔卵形，顶端钝尖；花通常2朵顶生，先花后叶，花冠管长约1厘米，基部径4毫米，裂片5，深裂，长圆形，花冠紫红色或淡紫色。蒴果椭圆状卵球形。

满山红花期较早于映山红，早春时节乍暖还寒时，远远瞥见的那团紫色的焰火，就是满山红，花瓣透亮。

羊踯躅

Rhododendron molle
杜鹃花科 杜鹃属

夺目的黄杜鹃，花艳却有毒

又名黄杜鹃、闹羊花。

落叶灌木，分枝稀疏，枝条直立，幼时密被灰白色柔毛及疏刚毛。叶纸质，长圆形至长圆状披针形，先端钝，基部楔形。总状伞形花序顶生，花多达13朵，先花后叶或与叶同时开放；花冠阔漏斗形，黄色或金黄色，内有深红色斑点，花冠管向基部渐狭，圆筒状。

该种为著名的有毒植物之一。《神农本草》及《植物名实图考》把它列入毒草类，可治疗风湿性关节炎，跌打损伤。民间通常称“闹羊花”。羊食时往往踯躅而死亡，故此得名。在医药工业上用作麻醉剂、镇痛药。全株可入药。

马银花

Rhododendron ovatum
杜鹃花科 杜鹃属

绚丽多姿的马银花

又名清明花。

常绿灌木，小枝灰褐色，叶革质，卵形或椭圆状卵形，上面深绿色，有光泽，花单生枝顶叶腋；花冠淡紫色、紫色或粉红色，5深裂。蒴果阔卵球形。

马银花枝繁叶茂，绮丽多姿，萌发力强，耐修剪，根桩奇特，是优良的盆景材料。盛开时的马银花热闹而喧腾，而不是花期时，深绿色的叶片也很适合观赏。

马醉木 | *Pieris japonica* 杜鹃花科 马醉木属

好似白灯笼的马醉木，是传统杜鹃中开放最早的

又名梫木、日本马醉木。

常绿灌木或小乔木，树皮棕褐色，冬芽倒卵形，叶片革质，密集枝顶，表面深绿色，背面淡绿色；总状花序或圆锥花序顶生或腋生，花冠白色，花丝纤细，有长柔毛。蒴果近于扁球形。

马醉木的茎可使动物中毒，各种动物均可发生，绵羊最易感，其次为山羊、牛、马等。

马醉木株形优美，叶色多变，花序粉色，十分迷人，且耐寒、抗风、抗污染，萌发力强。

部分中国传统的杜鹃花如何区分

是否落叶：

落叶——满山红、黄杜鹃；

半常绿——映山红；

常绿——马银花、马醉木。

冬芽区别：

有叶片宿存，单独生成或簇生，冬芽较小——映山红；

冬芽常 2 朵顶生，先花后叶，出自于同一顶生花芽——满山红；

冬芽成簇生成，且饱满——黄杜鹃。

映山红的冬芽，有叶片宿存

满山红的冬芽 2 朵顶生

黄杜鹃冬芽极其饱满，且呈棕红色

山楂

Crataegus pinnatifida
蔷薇科 山楂属

洁白的山楂花，象征着圣洁的爱情

满树洁白

又名山里果、山里红、红果子、山林果。

落叶小乔木，常有刺，单叶互生，树皮粗糙，叶片宽卵形或三角状卵形，稀菱状卵形，先端短渐尖，基部截形至宽楔形，通常两侧各有3 ~ 5羽状深裂片，伞房花序具多花，白色；雄蕊短于花瓣，花药粉红色，果实近球形或梨形，直径1 ~ 1.5厘米，深红色，有浅色斑点，核质硬，果肉薄，味微酸涩。果可生吃或作果脯果糕，干制后可入药，是中国特有的药果树种。树冠整齐，枝叶繁茂，病虫危害少，花果鲜美可爱。

南宋绍熙年间，宋光宗最宠爱的皇贵妃生了怪病，变得面黄肌瘦，不思饮食。御医用了许多贵重药品，都不见效。眼见贵妃一日日病重起来，皇帝无奈，只好张榜招医。一江湖郎中揭榜进宫，为贵妃诊脉，将山楂与红糖煎熬，每饭前吃5 ~ 10枚，半月后病准会好。贵妃按此方服用后，果然如期病愈了。于是龙颜大悦，命如法炮制。

后来，这酸脆香甜的山楂传到民间，老百姓把它串起来卖，就成了冰糖葫芦。

山里红（*Crataegus pinnatifida*）是山楂的变种，果实形状较大，直径可达2.5厘米。山楂一般不超过1.5厘米，叶较大，羽状浅裂。

冰糖葫芦的主要原料是山里红，其果大肉厚核小，山楂则果小肉薄核大，主要用来入药。

山楂也是爱情的象征，张艺谋导演的《山楂树之恋》，就是用此花来表现男女主人公的纯洁爱情。

琼花

Viburnum macrocephalum f. *keteleeri*
忍冬科 荚蒾属

天下无双的琼花，透过西溪水，望见悠悠隋朝

又名聚八仙、蝴蝶花。

落叶或半常绿灌木，树皮灰褐色或灰白色，冬芽裸露，叶临冬至翌年春季逐渐落尽，纸质，卵形至椭圆形或卵状矩圆形，边缘有小齿。

大型聚伞花序，直径约20厘米，周围一圈不孕花着生于第3级花梗，常8朵，花瓣5裂。可孕花也生于第3级花梗上，花萼有5齿。花冠轮状，白色，0.5厘米，有芳香。果实初呈青绿色，成熟时为鲜红色，后变黑色，有光泽，挂果期较长。

琼花是聚伞房花序，8朵大白花围在长满小玉珠般花苞的花盘外围。琼花盛开，可近观细赏，品味其花姿、香韵，更适合远眺，好似白蝴蝶在枝头飞舞，成熟的种子挂果期较长，也适合观果。“千点真珠擎素蕊，一环明月破香葩”。无风之时，又似八位仙子围着圆桌，品茗聚谈。这种独特的花型，是植物中稀有的，故而世人格外地喜爱它，并美其名曰：“聚八仙”。

琼花外缘的8朵不孕大白花，是用来吸引蝴蝶和蜜蜂传粉。

琼花，自古以来有“维扬一株花，四海无同类”的美誉。

琼花是中国特有的名花，它以淡雅的风姿和独特的风韵，以及种种富有传奇浪漫色彩的传说和逸闻趣事，博得了世人的厚爱和文人墨客的不绝赞赏，被称为“稀世的奇花异卉”和“中国独特的仙花”。

琼花天下无双。它作为当之无愧的扬州市花，以叶茂花繁、洁白无瑕名扬天下。

琼花之名本是泛指开着美丽花朵的花卉。“琼花”亦写作“琼华”，古文中“华”即是“花”，而所谓琼者，即美玉也。

相传隋炀帝当年为了一睹琼花风采，大兴土木开挖大运河，琼花却因隋至而花灭。琼花已不仅仅是自然界的一种名花，而是已被人格化了的有情之物。它对劳动人民无限同情，对昏君隋炀帝无限憎恨；它不畏强暴，不畏权势；它爱憎分明，有灵有情，成了美好事物的象征。宋朝欧阳修做扬州太守时，又在花旁建“无双亭”，以示天下无双。

此外，容易和琼花混淆的同科同属植物有两种。

木绣球（*Viburnum macrocephalum*）又名绣球荚蒾，全部由大型不孕花组成，总花梗长 1 ~ 2 厘米，第 1 级辐射枝 5 条，花生于第 3 级辐射枝上；萼筒筒状，长约 2.5 毫米，宽约 1 毫米，无毛，萼齿与萼筒几等长，矩圆形，顶钝；花冠白色，辐状，直径 1.5 ~ 4 厘米，裂片圆状倒卵形，筒部甚短；雄蕊长约 3 毫米，花药小，近圆形；雌蕊不育，所有的不孕花组成一个大雪球，盛开时满树白色。

蝴蝶戏珠花（*Viburnum plicatum* f. *tomentosum*）又名蝴蝶荚蒾。其花序同样是由不孕花和可孕花组成，其与琼花的区别在于外围不孕花的数目有别。蝴蝶戏珠花的不孕花，一般 4 ~ 6 朵，花型较散，琼花是标准的 8 朵不孕花八仙围坐，也即是“聚八仙”。

木绣球花如圆球

蝴蝶戏珠花，花如其名，好似只只蝴蝶翩然起舞

梅 | *Prunus mume* 蔷薇科 李属

已是悬崖百丈冰，犹有花枝俏

雪中红梅花更娇

又名春梅、千枝梅、红梅、乌梅。

落叶小乔木，小枝绿色，光滑无毛。叶片卵形或椭圆形，叶边常具小锐锯齿，灰绿色；花着生于长枝的叶腋间，先于叶开放，每节1～2朵，花有红色、淡粉色、白色等，味芳香，花瓣5枚（也称五福花）。果实近球形，黄色或绿白色，被柔毛，味酸；果肉与核黏附不易分离。

西溪花朝节主要品种有晚花品种粉红朱砂、美人梅。

美人梅

Prunus mume 'Meiren'
蔷薇科 李属

猩红色的花朵布满全树，绚丽夺目，妩媚可爱

由重瓣宫粉型梅花（宫粉梅）与紫叶李杂交而成。

落叶小乔木，叶片卵圆形，似紫叶李，紫红色，花较似梅，淡紫红色，半重瓣或重瓣，花叶同放，繁密而有香味。果实近球形。

美人梅其亮红的叶片和紫红的枝条是其他梅花品种中少见的，可供一年四季观赏。

杏梅

Armeniaca mume var. *bungo*
蔷薇科 杏属

杏梅枝叶介于梅、杏之间，花梗短而花不香

又名洋梅、鹤顶梅。

梅与杏或山杏的天然杂交种。枝和叶似山杏，花半重瓣，粉红色。

枝叶介于梅、杏之间，花托肿大、梗短、花不香，似杏，果味酸、果核表面具蜂窝状小凹点，又似梅。杏梅是一个值得推广的梅花品系。其花期大多介于中花品种与晚花品种之间，若梅园植之，则可在中花与晚花品种间起衔接作用。

较之红梅，杏梅更多一份楚楚动人之感

榆叶梅

Amygdalus triloba
蔷薇科 桃属

叶片像榆树，花似梅花

又名榆梅、小桃红、榆叶鸾枝。

落叶灌木，单叶互生，枝条开展，具多数短小枝；花1～2朵生于叶腋，先于叶开放，花瓣5枚，粉红色，核果近球形，红色，外被短柔毛。

此外，人们还经常把蜡梅误认为是梅花，其实两者是完全不一样的花卉。

蜡梅 *Chimonanthus praecox*（蜡梅科蜡梅属），又名金梅、蜡花、黄梅花。早于梅花开放，因表面有呈蜡状物质而得名，又因为开在寒冬腊月，被误称。其香味被定义为浓香，桂花香为甜香，兰花为幽香，梅花为暗香。

钟花樱 | *Cerasus campanulata* 蔷薇科 樱属

红色的钟花樱，绽放在江南春节，增添了无穷年味

落叶乔木，树皮黑褐色。叶纸质，卵形至长椭圆形，先端渐尖，基部圆形，边缘密生重锯齿，两面均无毛。伞形花序，早春先花后叶，萼筒钟管形，花瓣5枚，紫红色，倒卵状长圆形。核果卵形，红色。

因其开花时花瓣朝下呈吊钟状，被叫做钟花樱。钟花樱的群体变异非常丰富，花色有淡红、深红、水红；还有重瓣品种，如深红色的‘中国红’，桃红色的‘牡丹樱’等品种。

钟花樱因为具有优良性状，使得钟花樱桃成为樱花育种的重要材料，堪称早樱花之母！

好似鞭炮挂在枝头

樱桃

Cerasus pseudocerasus
蔷薇科 樱属

樱桃花较小，且是樱花中除了钟花樱外开放最早的一类

又名莺桃、樱珠等。

落叶乔木，树皮灰白色。小枝灰褐色，嫩枝绿色，无毛或被疏柔毛。冬芽卵形，无毛。叶片卵形或长圆状卵形，托叶早落，披针形。花序伞房状或近伞形，有花3～6朵簇生于极短的总状花序上，先叶开放；花瓣白色，卵圆形，先端下凹或二裂；核果近球形，成熟时红色。

樱桃开花早，开花时满树繁花，蜂舞蝶拥；结果时硕果累累，灿若宝石；成熟时滋味甜美，是众多鸟类和松鼠的美食，届时枝头热闹非凡，是花果俱佳的树种。此外樱桃在古今中外的艺术创作中经常被名师大家用不同的艺术手法进行表现，文化底蕴深厚，在庭院中种植广受喜爱。樱桃可以代表很多美好的事物，如特别有活力的女孩子，很鲜活的爱情。它不仅象征着爱情、幸福和甜蜜，更蕴含着珍惜这层含义。樱桃英文名cherry，音译车厘子，意思就是珍惜。

白居易《伤宅》：绕廊紫藤架，夹砌红药栏。攀枝摘樱桃，带花移牡丹。显示唐朝时，将樱桃和紫藤、芍药、牡丹栽植在院子里，兼具观赏及采果价值。

樱桃好吃，树也不难栽

唐朝皇帝常以樱桃赐群臣，设“樱桃宴”招待新科进士，有诗云“新进士尤重樱桃宴”，认为是无上殊荣。

染井吉野樱

Cerasus yedoensis 'Somei-yoshino'
蔷薇科 樱属

染井吉野樱

云蒸霞蔚的染井吉野

又名东京樱花。

是大岛樱（*Cerasus speciosa*）和江户彼岸樱（*Cerasus subhirtella*）杂交而来，是一种樱花的园艺品种。叶片椭圆卵形或倒卵形，先端渐尖，边缘有尖锐重锯齿。伞形总状花序，先叶开放，花瓣5枚，顶端内凹，花瓣初时白色或浅粉色，后基部变为粉色。核果近球形。

花色鲜艳亮丽，枝叶繁茂旺盛，是早春重要的观花树种，盛开时节花繁艳丽，满树烂漫，如云似霞，极为壮观。可大片栽植形成“花海”景观，可三五成丛点缀于绿地形成锦团，也可孤植，形成“万绿丛中一点红”之画意。染井樱吉野由于具有华丽的风采，群体绽放尤其壮观。

日本晚樱

Cerasus serrulata var. *lannesiana*
蔷薇科 樱属

花色粉红，叶也略带红色的关山樱

落叶乔木，树皮银灰色，有锈色唇形皮孔，嫩叶茶褐色。小枝多而向上弯曲。叶片为椭圆状卵形、长椭圆形至倒卵形，纸质、具有重锯齿，叶柄上有一对腺点，托叶有腺齿。花叶同开。花浓红色，花径6厘米左右，瓣约30枚，2枚雌蕊叶化，不能结实，花梗粗且长，伞房花序总状或近伞形。

郁金樱

Cerasus serrulata 'Grandiflora'
蔷薇科 樱属

又名御衣黄。

郁金樱为绿樱的一种，有单瓣和重瓣之分，以重瓣的居多。花浅黄绿色，瓣约15枚，质稍硬，最外方的花瓣背部带淡红色，常有旗瓣。樱花有300余个品种，但大都是白色或粉色。绿樱以其花色新奇而引人喜爱。绿樱在开花初期特别是花蕾初绽时，绿色特征明显，花瓣基部绿色深重。到中晚期，颜色变得浅淡，尖端颜色逐渐淡化。花瓣受强日光照射后，绿色将变成黄白色。

樱花的生命很短暂。在日本有一民谚说："樱花7日"，就是一朵樱花从开放到凋谢大约为7天，整棵樱树从开花到全谢大约16天，形成樱花边开边落的特点，也正是这一特点才使樱花有这么大的魅力。

珍稀的绿樱花，在西溪花朝节也可以目睹其芳容

大岛樱

普贤象中间的雌蕊，像极了大象牙

儿种樱花的区别

日本樱花中最有名的是染井吉野（东京樱、吉野樱），是大岛樱和江户彼岸樱人工杂交选育而来。占了日本栽培樱花的2/3以上。我们去日本赏樱，看的主要就是染井吉野。染井吉野是预报日本樱花的开放时间的指示树。

染井吉野，单瓣花，淡粉红色，逐渐会变更白一些，花托、花梗上有毛，花先于叶开，盛开的时候一树都是花，漂亮而且壮观，云蒸霞蔚，甚是壮观。

大岛樱，单瓣花，大岛樱花瓣白一些。白中略带绿色。花托和花梗上没有毛。大岛樱的花期比染井吉野要早一点点。

樱花开花有先后，有早樱、中樱、晚樱和冬樱的说法，这个划分是以染井吉野的花期为参照，比它开花早的是早樱，同期的为中樱花，比它晚开花的为晚樱，至于冬樱，指的是花开两季，春季开一次，秋冬也会开一些的品种。

早樱花代表为前面讲的河津樱（钟花樱），再有就是河津樱花的亲本之一寒绯樱，寒绯樱是一个日本名，绯指的是较深的红色，深玫红色，这个樱花比较好认，国内植物园一般都有。

晚樱的代表是关山樱，这种樱花在国内最常见，花朵大，重瓣，花密集。它是花叶同放的樱花，开花的时候，已经有了叶子，而且叶子是红棕色的。

还有一个晚樱是普贤象，名字来源是这样的，普贤是指日本镰仓普贤堂，是这种樱花的发源地，象是指它的花心有两枚叶化的雌蕊，如两根象牙。

普贤象，重瓣，花与关山樱很像，花瓣更白，但雌蕊有两根“象牙”。

帚桃

Amygdalus persica
蔷薇科 桃属

恣意绽放的帚桃，树型峭立

又名照手桃、龙柱碧桃。

落叶小乔木，树体高大直立，枝干开张角度狭小，枝条挺拔向上，枝条细，丛生，树冠窄而高，形同扫帚，树型紧凑美观，宝塔形。先花后叶或花叶同放，花粉红、绿、大红和绛红色，复瓣，梅花型，花瓣数20枚以上，花径4厘米左右，着花中密，花蕾卵圆形，花瓣长卵形，花丝白色，花药橘红色，花萼红褐色偏绿，花丝和萼片均有瓣化现象。 果实绿色，卵圆形，果核长。

紫丁香 | *Syringa oblata* 木犀科 丁香属

丁香体柔弱，乱结枝犹垫

又名丁香、百结、华北紫丁香。

落叶灌木或小乔木，树皮灰褐色或灰色。单叶对生，心形，两面无毛，叶片革质或厚纸质。圆锥花序直立，花密集成庞大的花序。未开时，花蕾先端之花冠裂片呈膨大圆球状，和纤细而长的花冠管合成细长丁字形，花两性，极芳香，花冠紫色，高脚杯状。

丁香花芬芳袭人，为著名的观赏花木之一。在中国园林中占有重要位置。园林中可植于建筑物的南向窗前，开花时，清香入室，沁人肺腑。

紫丁香是中国特有的名贵花木，已有1000多年的栽培历史。植株丰满秀丽，枝叶茂密，且具独特的芳香。

紫丁香于春季盛开，香气浓烈袭人。由于丁香花朵纤小文弱，花筒稍长，故给人以欲尽未放之感。宋代王十朋称丁香“结愁千绪，似忆江南主”。历代咏丁香诗，大多有典雅庄重、情味隽永的特点。

丁香花未开时，其花蕾密布枝头，称丁香结。唐宋以来，诗人常常以丁香花含苞不放，比喻愁思郁结，难以排解，用来写夫妻、情人或友人间深重的离愁别恨。

杜甫《江头四咏》“丁香体柔弱，乱结枝犹垫”，李商隐《代赠》“芭蕉不展丁香结，同向春风各自愁”。

白丁香

Syringa oblata 'Alba'
木犀科 丁香属

纤细而长的花冠管合成细长丁字形

紫丁香的白花品种，花冠白色，叶片较白丁香小，较薄，近心形，背面有茸毛。

暴马丁香

Syringa reticulata var. *amurensis*
木犀科 丁香属

暴马丁香花香浓郁，晶莹如雪

又名暴马子、荷花丁香。

落叶小乔木，具直立或开展枝条；树皮紫灰褐色。圆锥花序由一到多对着生于同一枝条上的侧芽抽生，花序轴、花梗和花萼均无毛，花序轴具皮孔，花冠白色，呈辐状，果长椭圆形，先端常钝，或为锐尖、凸尖，光滑或具细小皮孔。

暴马丁香花序大，花期长，树姿美观，花香浓郁。

玉兰 | *Magnolia denudata* 木兰科 木兰属

洁白的玉兰，绽放枝头，香气浓郁

又名木兰、望春花、白玉兰、玉兰花、应春花。

落叶乔木，枝广展形成宽阔的树冠；树皮深灰色，粗糙开裂；冬芽及花梗密被淡灰黄色长绢毛。叶纸质，倒卵形、宽倒卵形或倒卵状椭圆形，基部徒长枝叶椭圆形，先端宽圆、平截或稍凹，具短突尖，花先叶开放，直立，芳香；花梗显著膨大，花被片9片，白色，基部常带粉红色，长圆状倒卵形，聚合果圆柱形，蓇葖果厚木质，种子心形，侧扁，外种皮红色，内种皮黑色。

初开的玉兰不是很香，一天之后香味才出来，这是因为其雄蕊和雌蕊成熟时间有差异，中间像宝塔的雌蕊先成熟，四周的雄蕊后来才开始释放花粉。

紫玉兰 | *Magnolia liliflora* 木兰科 木兰属

恰似毛笔头的紫玉兰

紫玉兰和二乔玉兰的区别主要有：

紫玉兰为灌木，6 枚花被片，花叶同放，一般 4 月初花；

二乔玉兰为乔木，9 片花被片，先花后叶，2～3 月开花。

又名木笔、辛夷。

落叶灌木，常丛生，树皮灰褐色，小枝绿紫色或淡褐紫色。叶椭圆状倒卵形或倒卵形，先端急尖或渐尖，基部渐狭沿叶柄下延至托叶痕，上面深绿色，下面灰绿色，沿脉有短柔毛；托叶痕约为叶柄长之半。花蕾卵圆形，被淡黄色绢毛；花叶同时开放，瓶形，直立于粗壮、被毛的花梗上，稍有香气；花被片9～12片，外轮3片萼片状，紫绿色，常早落，内两轮肉质，外面紫色或紫红色，内带白色，花瓣状，椭圆状倒卵形，雄蕊紫红色，长8～10毫米。聚合果深紫褐色，变褐色，圆柱形；成熟蓇葖果近圆球形，顶端具短喙。紫玉兰还没有开放的花蕾，是著名的中药，是治疗鼻炎的主要材料。

紫玉兰是著名的早春观赏花木，早春开花时，满树紫红色花朵，幽姿淑态，别具风情，适用于古典园林中厅前院后配植，也可孤植或散植于小庭院内。

唐代诗人歌颂辛夷者多，而咏玉兰者少。如王安石“回头不见辛夷发，始觉看花是去年”，杜甫“辛夷始花亦已落，况我与子非壮年”。“辛夷”与“玉兰”相比较，更有古典气质，王维歌颂的《辛夷坞》“木末芙蓉花，山中发红萼。涧户寂无人，纷纷开且落”。辛夷的花苞长在枝条的末端，用“木末”来形容，恰当无比。

白居易的《题灵隐寺红辛夷花，戏酬光上人》可为代表：“紫粉笔含尖火焰，红胭脂染小莲花。芳情乡思知多少，恼得山僧悔出家”。描写了辛夷花的形态、颜色及香气。

望春玉兰

Magnolia biondii

木兰科 木兰属

望春玉兰，望见大地回春

落叶乔木，树皮淡灰色，光滑；小枝细长，灰绿色。花先叶开放，芳香；花梗顶端膨大，具3苞片脱落痕；花被片9片，外轮3片紫红色，近狭倒卵状条形，中内两轮近匙形，白色，外面基部常紫红色，聚合果圆柱形，蓇葖果浅褐色，近圆形，侧扁，具凸起瘤点；种子心形，外种皮鲜红色，内种皮深黑色，顶端凹陷，具“V”形槽，末端短尖不明显。

望春玉兰枝叶茂密，树形优美，花色素雅，气味浓郁芳香，早春开放，花瓣白色，外面基部紫红色，十分美观，夏季叶大浓绿，有特殊香气，逼驱蚊蝇；仲秋时节，长达20厘米的聚合果，由青变黄红，露出深红色的外种皮，令人喜爱；初冬时花蕾满树十分壮观。

星花玉兰

Magnolia stellata
木兰科 木兰属

星花玉兰，花瓣繁多，可提取玉兰油

落叶小乔木，枝繁密，灌木状；树皮灰褐色，当年生小枝绿色，密被白色绢状毛，二年生枝褐色；冬芽密被平伏长柔毛。叶倒卵状长圆形，有时倒披针形。花蕾卵圆形，密被淡黄色长毛；花先叶开放，直立，芳香，外轮萼状花被片披针形，内数轮瓣状花被片12～45片，狭长圆状倒卵形，长4～5厘米，宽0.8～1.2厘米，花色多变，白色至紫红色。聚合果长约5厘米，部分心皮因发育而扭转。

星花玉兰是玉兰中开花最早，花开最美的品种，堪称“早春之秀”。从花蕾初绽到花瓣落尽，历时一个月。远远望去灿烂绚丽，近景观赏清香醉人。

二乔玉兰

Magnolia × soulangeana
木兰科 木兰属

红白双色是二乔

黄玉兰的花期相对于其他品种，较晚

又名朱砂玉兰。玉兰和辛夷的杂交种。

落叶小乔木或灌木，叶倒卵形，先端宽圆，1/3以下渐窄成楔形。花大而芳香，花瓣6枚，外面呈淡紫红色，内部白色，萼片3片，花瓣状，稍短。园艺品种多。

花大美丽，玉蕾入药，作“辛夷”用，还是提取香料的原料。

几种玉兰的区别

白玉兰（*Magnolia denudata*）　俗称“应春花”“望春花”，早春开，花白色，大型、芳香，先叶开放，花期一般 10 ~ 20 天。

望春玉兰（*Magnolia biondii*）　早春最早开放的玉兰属植物之一（比白玉兰早大概一周），花瓣洁白，基部紫红色，芳香；花被片 9 片，外轮 3 枚十分短小，长仅约 1 厘米，不仔细看还以为只有 6 枚花瓣。

二乔玉兰（*Magnolia × soulangeana*）　由紫玉兰与白玉兰杂交而来，花被片 9 片，外轮 3 片略小或等大，花色从偏白到近紫红都有，但大多数为粉红色，呈渐变过渡型。因花瓣外面粉紫色，内面白色，一花两色，故名“二乔”，用来形容其美艳。

星花玉兰（*Magnolia stellata*）　落叶小乔木或灌木。花被片特多，外轮 3 片萼片状，早落，通常玉兰属植物都只具有 9 枚花瓣，但本种花瓣数达 18 枚之多，与众不同。

紫玉兰（*Magnolia liliflora*）　落叶灌木，花紫色，花被片 9 片，外轮 3 片花萼状，绿色，花期晚，花叶同出。

黄山木兰（*Magnolia cylindrica*）　亦称黄山玉兰，落叶乔木，小枝褐色，花被片 9 片，外轮 3 片花萼状，常绿色，花期较晚。

牡丹

Paeonia suffruticosa
毛茛科 芍药属

雍容华贵的牡丹花

又名木芍药、洛阳花、富贵花、百两金。

落叶灌木，分枝短而粗，叶通常为二回三出复叶，偶尔近枝顶的叶为3小叶；顶生小叶宽卵形，表面绿色，无毛，背面淡绿色，有时具白粉。

花单生枝顶，大型，直径10～30厘米，有单瓣、重瓣，花色极其丰富，有深紫、红紫、玫瑰红、红、粉红、豆绿、黄、白等多种颜色，极其美丽。蓇葖果长圆形，密生黄褐色硬毛。

牡丹色、姿、香、韵俱佳，花大色艳，花姿绰约，韵压群芳。

牡丹花大而美丽，色香俱全，被誉为“国色天香”“花中之王”，为中国十大名花之一，在中国有1500年的栽培历史。

牡丹最早是药用植物。《神农本草经》就有记载，南北朝时，牡丹就是名贵的观赏花卉。到了唐朝，就更加重视牡丹，有了“国色天香”的美誉。大诗人李白曾奉诏到沉香亭写三首《清平调词》，其一就为“名花倾国两相欢，常得君王带笑看。解释春风无限恨，沉香亭北倚栏杆”，描写的是艳丽华贵的牡丹和倾国倾城的杨贵妃。

中国人利用芍药的时间比牡丹早，因牡丹形似芍药，其最早的称呼就是“木芍药”。

伟大领袖毛泽东生前非常喜爱牡丹，听到武则天与牡丹的故事后，教育年轻人，要具有牡丹的品格，不畏强暴，才能担当起重任。

唯有牡丹真国色，花开时节动“杭城”

金丝桃

Hypericum monogynum
藤黄科 金丝桃属

金丝桃花叶丰满，花冠如桃花

又名狗胡花、金线蝴蝶、过路黄、金丝海棠、金丝莲。

半常绿灌木，丛状或通常有疏生的开张枝条。茎红色，叶对生，叶片倒披针形或椭圆形至长圆形，花瓣金黄色至柠檬黄色，无红晕，开张，三角状倒卵形。雄蕊金黄色，细长如金丝绚丽可爱。

金丝桃花叶秀丽，果实为常用的鲜切花材——“红豆”，常用于制作胸花 、腕花。

金丝桃花叶丰满，花冠如桃花，雄蕊金黄色，细长如金丝绚丽可爱。

“多情夏雨润新枝条，灿若娇娘起舞姿。风月无边关不住，金丝万缕吐相思”。这是当代诗人熊梅生歌颂金丝桃的诗。

月季花

Rosa chinensis
蔷薇科 蔷薇属

欧洲月季花瓣繁复

国产月季

又名月月红、四季花、胜春、斗雪红。

直立常绿或半常绿灌木，干直立，树干青绿色，老枝灰褐色，上有弯曲尖刺。奇数羽状复叶，互生，小叶3～5枚，花单生或成伞房花序、圆锥花序，花瓣5枚或重瓣，有白、黄、粉、红等单色或复色，部分品种具有浓郁香味。果实近球形，成熟时呈橙红色。

月季最重要的特征是花期长，色艳而有香气，有些地方甚至可以一年四季都开花，苏东坡曾赞月季“唯有此花开不厌，一年常占四时春”。

玫瑰 | *Rosa rugosa* 蔷薇科 蔷薇属

古时玫瑰花也称为“徘徊花”

落叶直立灌木，枝干多刺，小枝密被茸毛，并有针刺和腺毛，有直立或弯曲、淡黄色的皮刺，皮刺外被茸毛。奇数羽状复叶，互生，小叶5~9枚，花单生于叶腋，或数朵簇生，苞片卵形，边缘有腺毛，外被茸毛；花芳香，花色为紫红色至白色。果扁球形，砖红色，肉质，平滑，萼片宿存。

在日常购买的用来表达爱情的“玫瑰花”，其实都是月季花，在国外玫瑰、月季都通称为“rose”。

在中国，玫瑰则因其枝茎带刺，被认为是刺客、侠客的象征。

《群芳谱》中描绘玫瑰花“娇艳芳馥，有香有色，堪入茶、入酒、

早在千百年前，我国人民就可以很好地将二者区分了，玫瑰花色只有紫红色、白色，可以食用，刺较多而密。月季只可以观赏，颜色丰富，刺较粗而稀疏。

入蜜”，可以制成玫瑰酒、玫瑰露。

玫瑰象征爱情，是西方人搞出来的把戏，中国古人除了拿它做香料之外，一般只看重它的药用价值。

《红楼梦》大观园里，阆苑仙葩与野花小草皆有，玫瑰亦点缀于其间，但它绝对与爱情沾不上边。贾府的少男少女们，几乎都不爱玫瑰。在“千红一窟，万艳同杯”的金陵十二钗中，每一位女士都借一种花来暗示其性格与遭遇，但玫瑰不在其中。很明显，曹雪芹也不怎么喜欢玫瑰。

在《红楼梦》中，多次提到玫瑰露，也有以其制作的糕点。在第63回中还提到以玫瑰花做枕头使用。红楼梦中用“玫瑰可爱，但刺多扎手”来形容尤三姐虽然美丽，但性情强悍不易“驯服”。

玫瑰花古名“徘徊花”，古人玫瑰花中混入少量的龙脑、麝香，做成香囊，因其香味袅袅不绝，徘徊缠绵不忍离去，便将玫瑰形象地称呼为徘徊花。宋代杨万里尤其喜爱玫瑰花，曾有《红玫瑰》诗“栖叶连枝千万绿、一花两色浅深红”。

玫，石之美者，瑰，珠圆好者。玫瑰最早并非为花，而是一种美玉，玫是玉石中最美的，瑰是珠宝中最美的。就好比杜鹃起初是一种鸟，后来成为映山红的别称一样。不过，杜鹃现在是鸟与花共用，十分讨巧地照应了鸟语花香这个全球人民都爱极了的场景。而玫瑰，早已失去玉的圆润，只单独表示至今最善于谈情说爱的花。

玫瑰果如玛瑙珠

月季、玫瑰、蔷薇的区别

月季（*Rosa chinensis*） 又名月月红、长春花。

株型多样，从匍匐低矮小灌木至单干树状月季、藤本均有。茎或花梗疏生三角形皮刺。

羽状复叶，小叶5～7枚，叶面常具光泽，表面较平滑，无皱纹。

花型多样，从单瓣至全重瓣均有，花色丰富，有白、红、粉、黄、紫、淡绿等多种颜色，亦有条纹及斑点或复色。

一般能多季开花，能从4月一直开到11月左右。

玫瑰（*Rosa rugosa*） 又名徘徊花、刺玫花。

直立灌木；枝干健壮，花梗较短，密生细针刺和刚毛。

羽状复叶，小叶5～9枚，叶面不具光泽，叶脉下陷使叶面看起来比较皱。

花型通常较平展，有单瓣、半重瓣及重瓣品种，花色紫红色至白色，无黄色。

花期仅4～5月一季。

蔷薇（*Rosa multiflora*） 又名月月红、长春花。

均为攀缘藤本，茎干细长，枝条蔓生或攀缘多刺。茎或花梗疏生三角形皮刺。

羽状复叶，小叶5～7枚，叶片较小。

花小型，常多朵簇生，呈圆锥伞房花序，生于枝端。多单瓣或半重瓣，花色多为红色系。

花期仅4～5月一季。

市面上声称代表爱情的“玫瑰”，大多都是月季。

蔷薇需要攀附，方可华丽绽放

锦带花‘红王子’

Weigela florida 'Red Prince'
忍冬科 锦带花属

花色似胭脂的‘红王子’锦带花

落叶开展性灌木，嫩枝淡红色，老枝灰褐色。单叶对生，叶椭圆形，先端渐尖，叶缘有锯齿，幼枝及叶脉具柔毛。花冠5裂，漏斗状钟形，花冠筒中部以下变细，雄蕊5枚，雌蕊1枚，高出花冠筒，聚伞花序，生于小枝顶端或叶腋。花冠胭脂红色，蒴果柱状，黄褐色。

喷雪花

Spiraea thunbergii
蔷薇科 绣线菊属

花开好似飞雪连天，洁白圣洁的花，迅速将整个早春的西溪铺陈开来

又名珍珠绣线菊、珍珠花、雪柳。

落叶小灌木，枝黄褐色，幼时有柔毛，老时无毛。叶线状披针形。花序伞形，无总梗，具有3～5多花，白色，蓇葖果开张，无毛。

喷雪花株丛丰满，枝叶清秀，在缺花的早春开出清雅的白花而且花期很长 。

郁香忍冬

Lonicera fragrantissima

忍冬科 忍冬属

极其芳香的郁香忍冬，盛开在早春时节

又名香忍冬、香吉利子、羊奶子。

半常绿或落叶灌木，高达2米；幼枝无毛或疏被倒刚毛，间或夹杂短腺毛，毛脱落后留有小瘤状突起，老枝灰褐色。花先于叶或与叶同时开放，芳香，生于幼枝基部苞腋；花冠白色或淡红色，长1～1.5厘米，外面无毛或稀有疏糙毛，唇形；花柱无毛。果实鲜红色，矩圆形，长约1厘米，部分连合。

紫荆 | *Cercis chinensis* 豆科 紫荆属

紫荆花型如蝶，满树皆红

又名满条红。

落叶灌木，丛生。树皮幼时暗灰色，光滑，老时粗糙呈片裂。单叶互生，全缘，近圆形，先端急尖，基部心脏形，叶主脉掌状。花开在茎上，先花后叶，紫红色花，4～10多朵簇生在枝条或者老干上，假蝶形花冠。荚果偏平，呈豆荚状。

紫荆先花后叶，花型如蝶，满树皆红，鲜艳可爱。杜甫的《得舍弟消息》中有“风吹紫荆树，色于春庭幕”的诗句，因此紫荆象征着家庭

中国香港特别行政区的区花，也称为“紫荆花”，其区花图案为“洋紫荆”，学名为“红花羊蹄甲（*Bauhinia blakeana*），花期11月至翌年4月。花大如掌，5片花瓣均匀地轮生排列，红色或粉红色，略带芳香。

和美，兄弟情深。

在《红楼梦》第94回，林黛玉提到的“田家荆树复生”的典故，也是指紫荆为“兄弟树”，人称“田氏之荆”。

因花开时无叶，枝条全是花朵而称为满条红

八仙花

Hydrangea macrophylla
虎耳草科 绣球属

处于碱性土壤中的绣球呈现粉红色

八仙花花开繁密而热烈

又名紫阳花、绣球、粉团花、八仙绣球。

落叶灌木，茎常于基部发出多数放射枝而形成一圆形灌丛；枝圆柱形，粗壮，紫灰色至淡灰色，无毛，具少数长形皮孔。叶纸质或近革质，倒卵形或阔椭圆形，先端骤尖，具短尖头，基部钝圆或阔楔形，边缘于基部以上具粗齿，侧脉6～8对，小脉网状，两面明显；伞房状聚伞花序近球形，直径8～20厘米，具短的总花梗，花密集，多数不育；不育花萼片4片，粉红色、淡蓝色或白色；孕性花极少数。

八仙花的花色随土壤pH的变化而改变，为了变蓝色，可在花蕾形成期施用硫酸铝；为保持粉红色，可在土壤中施用石灰。

八仙花取名于八仙，故寓意“八仙过海，各显神通”。

与之对应的还有一种木绣球，两者皆为绣球，主要区分为

木绣球为忍冬科，小乔木，早春开花，先绿后白，洁白如雪；

八仙花为虎耳草科，灌木，晚春开花，颜色丰富，多蓝色及粉色。

处于酸性土壤中的绣球呈现蓝色

芍药

Paeonia lactiflora
毛茛科 芍药属

花中贵裔是芍药

湘云醉卧芍药

又名将离、离草、红药。

多年生草本，根粗壮，分枝黑褐色。下部茎生叶为二回三出复叶，上部茎生叶为三出复叶；小叶狭卵形、椭圆形或披针形，顶端渐尖，基部楔形或偏斜。花数朵生茎顶和叶腋，有时仅顶端一朵开放，而近顶端叶腋处有发育不好的花芽，苞片4～5，披针形，萼片4片，花色丰富，蓇葖果长2.5～3厘米，顶端具喙。

芍药花大色艳，观赏性佳，和牡丹搭配可在视觉效果上延长花期，因此常和牡丹搭配种植。芍药被人们誉为“花仙”和“花相”，“憨湘云醉眠芍药裀”被誉为红楼梦中经典情景之一。

芍药自古就是中国的爱情之花，现在也被誉为七夕节的代表花卉。古时候男女交往，以芍药相赠，以表达结情之约和惜别之情，故有“将离花”之称。《诗经》有记载“维士与女，伊其相谑，赠之以芍药。”宋姜夔的《扬州慢·淮左名都》也诗云：念桥边红药，年年知为谁生。

牡丹和芍药都是中国名花，牡丹开花较芍药早约1个月，牡丹被称为“花王”，芍药被称为“花相”，都是“花中贵裔”。

牡丹与芍药区别

牡丹（木芍药） 木本花卉，单叶偏大，叶片暗绿色，花期早，谷雨前后开花。

芍药（将离、红药） 草本花卉，单叶较小，叶片亮绿色，一般在5月中旬开花。

飞燕草 | *Consolida ajacis* 毛茛科 飞燕草属

飞燕草花朵形态别致，像一只只燕子停留在枝头

又名大花飞燕、翠雀。

一年生草本，高可达100厘米，茎直立，茎下部叶有长柄，掌状3裂再作细裂状，中部以上具短柄或无柄。总状花序生于各分枝顶端；花被紫色、粉红色或白色。蓇葖果。

飞燕草花朵形态别致，像是一只只燕子，就有春天燕子南归的温暖和惬意。其花色丰富多彩，可淡雅，可艳丽。

在南欧，民间流传一则充满血泪的传说：古代有一族人因受迫害，纷纷逃难，但都不幸遇害。魂魄纷纷化作飞燕（一说翠雀），飞回故乡，并伏藏于柔弱的草丛枝条上。后来这些飞燕便化成美丽的花朵，年年开在故土上，渴望能还给它们“正义”和“自由”。

羽扇豆

Lupinus micranthus
豆科 羽扇豆属

羽扇豆又称为"鲁冰花"

又名多叶羽扇豆、鲁冰花。

多年生草本，高可达120厘米，茎上升或直立，基部分枝，全株被棕色或锈色硬毛。掌状复叶，小叶5～8枚；总状花序顶生，较短，花序轴纤细，下方的花互生，上方的花不规则轮生，花冠蓝色，旗瓣和龙骨瓣具白色斑纹，有白、红、蓝、紫等变化。

羽扇豆因其根系具有固肥的机能，在中国台湾地区的茶园中广泛种植，被台湾当地人形象地称为"母亲花"。但台湾对羽扇豆采用了音译的名字"鲁冰花"。

羽扇豆特别的植株形态和丰富的花序颜色，会给人们视觉一种异域和别样的享受，成为花朝节上最受欢迎的花卉之一。

花序挺拔丰硕，艳丽优雅的羽扇豆

蓝色的多花羽扇豆，花期较羽扇豆更长

毛地黄

Digitalis purpurea
玄参科 毛地黄属

又名洋地黄、心脏草。

一年生或多年生草本，除花冠外，全体被灰白色短柔毛和腺毛，有时茎上几无毛，高60～120厘米。茎单生或数条成丛。基生叶多数呈莲座状，叶柄具狭翅，长可达15厘米；叶片卵形或长椭圆形，长5～15厘米，先端尖或钝，基部渐狭，边缘具带短尖的圆齿，少有锯齿；茎生叶下部与基生叶同形，向上渐小，叶柄短直至无柄而成为苞片。花冠紫红色，内面具斑点，长3～4.5厘米，裂片很短，先端被白色柔毛。蒴果卵形。

毛地黄是典型的归化植物（区内原无分布，而从另一地区移入的种，且在本区内正常繁育后代，并大量繁衍成野生状态的植物）。它之所以被叫做毛地黄，是因为它有着布满茸毛的茎叶及酷似地黄的叶片，因而得毛地黄之名；又因为它来自遥远的欧洲，因此又名洋地黄。

传说坏妖精将毛地黄的花朵送给狐狸，让狐狸把花套在脚上，以降低它在毛地黄间觅食所发出的脚步声，因此毛地黄还有另一个名字——狐狸手套。此外，毛地黄还有其他如巫婆手套、仙女手套、死人之钟等名。

毛地黄因其花朵呈筒状，又称为“狐狸的手套”

大花耧斗菜

Aquilegia glandulosa
毛茛科 耧斗菜属

耧斗菜虽为菜名，但花形奇特，尤为美丽

又名血见愁、猫爪花。

多年生宿根花卉，茎直立，多分枝。二回三出复叶，具长柄，裂片浅而微圆。一茎着生多花，花瓣下垂，距与花瓣近等长。花有蓝、紫、红、粉、白、淡黄等色。

花期长达30～40天，每朵花开放5～7天，花朵繁茂，花色较多。大花耧斗菜是双色花，加上金黄色的花蕊，一朵花就有3个颜色，花形奇特靓丽，特别吸引眼球，也是花朝节上备受宠爱的观花植物之一。

风铃草

Campanula medium
桔梗科 风铃草属

风铃草，花如风铃摇曳生姿

又名钟花、瓦筒花、风铃花。

多年生草本，有的具细长而横走的根状茎，叶全互生，基生叶有的呈莲座状。花单朵顶生，或多朵组成聚伞花序，聚伞花序有时集成圆锥花序，也有时退化，既无总梗，亦无花梗，成为由数朵花组成的头状花序。花冠钟状、漏斗状或管状钟形，有时几乎辐状，5裂。

风铃草花型别致，花钟状，像一个个小铃铛，花色也很清新。风铃草开在春末夏初，花朵和花蕊都比较小巧，是健康和温柔可爱的象征。

花毛茛

Ranunculus asiaticus
毛茛科 毛茛属

花团锦簇，美丽异常的花毛茛中布置有相框，等你入座入镜入画

又名芹菜花、芹叶牡丹、波斯毛茛。

多年宿根草本花卉，常作一年生栽培。株高20～40厘米，块根纺锤形，常数个聚生于根颈部；茎单生，或少数分枝，有毛；基生叶阔卵形，具长柄，茎生叶无柄，为二回三出羽状复叶；花单生或数朵顶生，花色有白、粉、黄、红、紫等多种颜色，花有重瓣、半重瓣及单瓣等。

花毛茛株形低矮，色泽艳丽，花茎挺立，花形优美而独特；花朵硕大，靓丽多姿；花瓣紧凑、多瓣重叠；花色丰富、光洁艳丽。

南非万寿菊

Osteospermum ecklonis
菊科 蓝目菊属

南非万寿菊花开特有朝气

又名蓝目菊、大芙蓉、臭芙蓉。

多年生草本花卉，原产南非，近年来从国外引进中国，作一二年生草花栽培。矮生种株高20～30厘米，茎绿色，头状花序，多数簇生成伞房状，有白、粉、红、紫红、蓝、紫等色，花单瓣，花径5～6厘米。成片种植的南非万寿菊，清雅秀丽。

金鱼草

Antirrhinum majus
玄参科 金鱼草属

具有绸缎般质感的金鱼草，好似金鱼鼓起的两腮

又名龙头花、狮子花。

多年生直立草本，茎基部有时木质化，总状花序顶生，花梗长5～7毫米；花萼与花梗近等长，5深裂，裂片卵形，钝或急尖；花冠颜色多种，从红色、紫色至白色，基部在前面下延成兜状，上唇直立，宽大，2半裂，下唇3浅裂，在中部向上唇隆起，封闭喉部，使花冠呈假面状。因花形似金鱼而得名，按压花冠底部，可以使花冠上部张开闭合，形似龙张嘴，故又名龙头花。

此外，还有一种花型类似于金鱼草，而花更小，色彩更加丰富的叫柳穿鱼（*Linaria vulgaris*，玄参科柳穿鱼属），又名姬金鱼草。

黄色的金鱼草，使得花朝节的码头，一下子明亮起来

柳穿鱼，其叶片似杨柳，花似金鱼，恰似柳条穿着金鱼，故而名之

花烟草

Nicotiana alata
茄科 烟草属

呈喇叭状的花烟草，只在阴暗天气或晚上开放，晴天则闭合

又名美花烟草、长花烟草、大花烟草。

多年生草本，花序为假总状式，疏散生数朵花；花梗长5～20毫米。花萼杯状或钟状，花冠淡绿色，呈喇叭状，而且颜色丰富，看起来很美。

花烟草也是一种十分有趣的花，它一般在阴暗的天气或者晚上开放，晴天就会闭合，十分有趣。

拥有高大株型、轻盈花序的花烟草，轻盈飘逸，淡雅而宁静。像极了婀娜少女在翩翩起舞。

雏菊

Bellis perennis
菊科 雏菊属

雏菊开花好似一个个杨梅，因此又名杨梅球花

又名马头兰花、春菊、太阳菊。

多年生或一年生草本，叶基生，草质，花葶自叶丛中抽出，顶生头状花序单生，舌状花一至数轮，具红、淡红、纯白等色。

雏菊花细小玲珑，惹人喜爱，外观古朴，色彩和谐，早春开花，生机盎然，具有很高的观赏价值。

雏菊又名为幸福花，是幸福的象征。

何氏凤仙花

Impatiens holstii
凤仙花科 凤仙花属

极其娇嫩的何氏凤仙，花朵一碰就受损，好像玻璃，故而又名玻璃翠

又名玻璃翠、非洲凤仙、矮凤仙。

叶翠绿色，高可达70厘米，茎直立，绿色或淡红色，叶互生。总花梗生于茎、枝上部叶腋，两花，花大小及颜色多变化，有鲜红、深红、粉红、紫红、淡紫、蓝紫或白色。蒴果纺锤形。

超级凤仙‘桑蓓斯’

Impatiens 'Sunpatiens'
凤仙花科 凤仙花属

超级凤仙‘桑蓓斯’花期特长，抗性也明显强于其他凤仙花

凤仙杂交新品种。2006年，由日本坂田（Sakata）研发。它株型饱满，花色靓丽，开花量大，易成花球，耐雨耐高温。其显著特点就是耐春季及初夏的持续雨水和35℃以上的高温天气，并且能够持续开花而且花量丰富，可以持续改善城市中心的热岛效应，它还是强大的环境净化型植物。

旱金莲

Tropaeolum majus
旱金莲科 旱金莲属

叶形如碗莲，花茎蔓缠绕，开在旱地的莲花，如群蝶飞舞，为春日西溪平添夏日景观

又名旱荷、寒荷、金莲花、旱莲花。

多年生草本，茎叶稍肉质，草本，半蔓生，单叶互生，近圆形，具长柄，盾状着生。单花腋生，左右对称。花瓣5枚，具爪，色有乳白、浅黄、橙黄、橙红等色。

旱金莲叶肥花美，叶形如碗莲，呈圆盾形互生具长柄。花朵形态奇特，腋生呈喇叭状，茎蔓柔软娉婷多姿，叶、花都具有极高的观赏价值。

四季海棠

Begonia semperflorens
秋海棠科 秋海棠属

花型小巧别致的四季海棠，花期极长

又名蚬肉秋海棠、四季秋海棠。

肉质草本，叶卵形或宽卵形，花红色、淡红色、粉色及白色等，数朵聚生于腋生的总花梗上，雄花较大，有花被片4片；雌花稍小，有花被片5片。蒴果绿色，有带红色的翅。

黄晶菊

Chrysanthemum multicaule
菊科 菊属

如黄豆芽般的黄晶菊，绽放在早春西溪，极具野趣

又名黄晶花。

二年生草本花卉，株高15～20厘米，茎具半匍匐性。叶互生，肉质，初生叶紧贴土面。叶形长条匙状，羽状裂或深裂。头状花序顶生、盘状。花茎挺拔，花小而繁多，花色金黄，边缘为扁平舌状花，中央为筒状花。单花寿命一般为8～13天。

白晶菊

Mauranthemum paludosum
菊科 茼蒿属

素雅洁白的白晶菊，给人一种宁静之美

又名晶晶菊、春梢菊。

二年生草本花卉，叶互生，一至两回羽状裂。头状花序顶生、盘状，边缘舌状花银白色，中央筒状花金黄色，色彩分明、鲜艳，叶羽状深裂。花顶生，花径2～3厘米，外围舌状花瓣纯白，中心管状花鲜黄色，成簇栽培，更为高雅脱俗。

冰岛虞美人

Papaver nudicaule
罂粟科 罂粟属

亭亭玉立的冰岛虞美人，轻盈柔美，因风飞舞，俨然彩蝶展翅

又名冰岛罂粟。

多年生草本植物，叶全部基生，叶片轮廓卵形至披针形，羽状浅裂、深裂或全裂，裂片2～4对，全缘或再次羽状浅裂或深裂。花葶一至数枚，花单生于花葶先端；花蕾通常下垂；萼片早落；花瓣4枚，花色品种繁多，有淡黄色、黄色、橙黄色、红色等；丰富艳丽。

冰岛虞美人的花丰富多彩、开花时薄薄的花瓣质薄如绫，光洁似绸，轻盈花冠似朵朵红云片片彩绸，虽无风亦似自摇，风动时更是飘然欲飞，颇为美观，花期也长，一株上花蕾很多，此谢彼开，可保持相当长的观赏期。

东方虞美人

Papaver rhoeas
罂粟科 罂粟属

花瓣薄而具光泽，如绢似缎。花轻盈柔美艳丽，姿态轻盈动人，恰似袅袅婷婷的美人，因风飞舞，俨然彩蝶展翅，颇引人遐思

又名丽春花、赛牡丹、满园春。

一年生草本，全体被伸展的刚毛，茎直立，叶互生，羽状分裂，下部全裂，全裂片披针形和二回羽状浅裂，上部深裂或浅裂、裂片披针形，最上部粗齿状羽状浅裂；花单生于茎和分枝顶端，花蕾长圆状倒卵形，下垂，花瓣4枚，圆形、横向宽椭圆形或宽倒卵形，雄蕊多数，花丝丝状，深紫红色，花药长圆形，黄色。

虞美人的花多彩多姿，颇为美观。

相传秦朝末年，楚汉相争，西楚霸王项羽兵败，围于垓下。项羽自知难以突出重围，便与宠妾虞姬夜饮。其后虞姬听到四面楚歌，从项羽腰间拔出佩剑，向颈一横，顿时血流如注，香销玉殒。后来，虞姬的墓上长出了一种草，形状像鸡冠花，叶子对生，茎软叶长，无风自动，似美人翩翩起舞，娇媚可爱。民间传说这是虞姬精诚所化，于是就把这种草称为“虞美人草”，其花称作“虞美人花”。

藿香蓟

Ageratum conyzoides
菊科 藿香蓟属

又名胜红蓟、蓝翠球、咸虾花。

多年生草本，茎粗壮直立，被白色尘状短柔毛或上部被稠密开展的长茸毛；单叶对生，卵形或心形，头状花序小，通常4～18个在茎顶排成紧密的伞房状花序，花蓝色或白色。

淡蓝色的藿香蓟，极尽素雅

银叶菊

Senecio cineraria
菊科 千里光属

好似铺了一层银霜的银叶菊

又名雪叶菊、白绒毛矢车菊。

多年生草本植物，叶一至二回羽状分裂，正反面均被银白色柔毛。其银白色的叶片远看像一片白云，与其他色彩的纯色花卉配置栽植，效果极佳。

天竺葵

Pelargonium hortorum
牻牛儿苗科 天竺葵属

天竺葵具有挥发性香气

又名洋绣球、石腊红。

多年生草本或亚灌木，高达1米。茎直立，基部木质化，通体被细毛和腺毛，具有鱼腥味。叶互生，叶近圆形至肾形，叶缘内有马蹄纹。伞形花序顶生，花在蕾期下垂。花有白、粉、肉红、淡红、大红等色。

因植株具有挥发性香气而广受欢迎。可用于制作精油，其成分主要有香叶草醇、香茅醇、芳樟醇等。香气种类多，包括柠檬香、玫瑰香、水果香等。

香叶天竺葵（*Pelargonium graveolens*），又名香天竺葵，商品名叫驱蚊草。

麝香百合

Lilium brownii var. *viridulum*
百合科 百合属

百年好合，心心相印

又名铁炮百合、龙牙百合、云裳仙子。

鳞茎球形，叶散生，花单生或几朵排成近伞形；花梗长，稍弯；苞片披针形，花喇叭形，有香气，乳白色，外面稍带紫色，无斑点，向外张开或先端外弯而不卷。

百合花代表纯洁，白色百合更是气质高雅，深受世界各国人民喜爱，中国人民自古对百合就怀有深厚的感情，认为百合有“百事合心”之意，故民间每逢喜庆吉日常以百合馈赠。百合的种球由鳞片抱合而成，取“百年好合”“百事合意”之意，中国自古视为婚礼必不可少的吉祥花卉。

百合属常见的有花香袭人的香水百合、艳丽的姬百合、纯白的铁炮百合等。

自古以来，百合的美常是诗人墨客和歌者吟咏的对象。在中国古代，由于百合花开时，常常散发出香气浓郁，所以百合和水仙、栀子、梅、菊、桂花和茉莉等花在一起的图案合称七香图。

大花葱

Allium giganteum
百合科 葱属

大花葱花序由数千朵星状开展的小花组成，硕大如头

又名高葱、硕葱。

多年生草本，花葶从鳞茎基部长出，叶片丛生，灰绿色，长披针形，全缘。花、果实及种子密集的伞形花序呈头状，着生于花葶顶端，花葶自叶丛中抽出，花序由2000～3000朵星状开展的小花组成，花序硕大如头，直径可达20厘米，故名。

其花色紫红，色彩艳丽，具长柄，花瓣6枚，呈两轮排列。

大花葱花球随着小花的开放而逐渐增大，花序大而奇特，色彩鲜亮明快，加上它的盛花期可持续近20天，是同属植物中观赏价值最高的一种。

郁金香

Tulipa gesneriana
百合科 郁金香属

郁金香花型极其典雅精致，深受人们喜爱

与海棠花交相辉映的郁金香

又名洋荷花。

鳞茎皮纸质，叶3～5枚，条状披针形至卵状披针形；花单朵顶生，大型而艳丽；花被片红色或杂有白色和黄色，有时为白色或黄色；6枚雄蕊等长，花丝无毛；无花柱，柱头增大呈鸡冠状。

郁金香是世界著名的球根花卉，还是优良的切花品种，花茎刚劲挺拔，叶色素雅秀丽，荷花似的花朵端庄动人，惹人喜爱。

三色堇

Viola tricolor
堇菜科 堇菜属

三色堇花大，花瓣上呈现出整个猫脸

又名猫儿脸、蝴蝶花、猫脸花。

多年生草本，常作二年生栽培，叶互生，基生叶近圆心脏形，托叶大而宿存，基部羽状深裂。花大，径约5厘米，1～2朵腋生，下垂，有总梗及2小苞片，萼片5，宿存，花瓣5枚，不整齐，近圆形，一瓣有短距，下面花瓣有线形附属体，向后伸入距内，花色通常有白、黄、紫三色及单色。

角堇 *Viola cornuta*
堇菜科 堇菜属

黄色角堇组成的西溪湿地LOGO，蓝色角堇组成的画框，倒映在水中，十分醒目

角堇花小，花瓣上只有猫胡须

又名小三色堇。

多年生草本，株高10～30厘米，宽幅20～30厘米。具根状茎。茎较短而直立，分枝能力强。花两性，两侧对称，花梗腋生，花瓣5枚，花径 2.5～4厘米。花色丰富，花瓣有红、白、黄、紫、蓝等颜色，常有花斑，有时上瓣和下瓣呈不同颜色，但比三色堇耐高温。

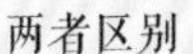

两者区别

角堇 花小，花径只有2～4厘米，角堇浅色多，中间无深色圆点，只有猫胡须一样的黑色直线，角堇花形偏长。

三色堇 花朵是角堇的2～3倍，三色堇花形偏圆。

美女樱 | *Verbena hybrida*

马鞭草科 马鞭草属

美女樱造景

花朵繁密，花期长的美女樱，极具野趣

又名草五色梅、铺地马鞭草。

多年生草本，全株有细茸毛，植株丛生而铺覆地面，茎四棱；叶对生，穗状花序顶生，密集呈伞房状，花小而密集，花冠高脚碟状，先端5裂。有白色、粉色、红色、复色等，具芳香。

紫罗兰

Matthiola incana
十字花科 紫罗兰属

紫罗兰因具有桂花的香味，因而也称为“草桂花”

又名草桂花、四桃克。

二年生或多年生草本，高可达60厘米，全株密被灰白色具柄的分枝柔毛。茎直立，多分枝，基部稍木质化。叶片长圆形至倒披针形或匙形，顶生总状花序，花瓣4枚，瓣片铺展成“十”字形。花瓣紫红、淡红或白色。

紫罗兰花朵茂盛，花色鲜艳，香气浓郁，花期长，花序也长，为众多花卉爱好者所喜爱。

一串红 | *Salvia splendens* 唇形科 鼠尾草属

一串红适合渲染节日的喜庆气氛

又名爆仗红、草象牙红、西洋红。

多年生草本，茎钝四棱形，轮伞花序2～6花，组成顶生总状花序，苞片卵圆形，红色，大，在花开前包裹着花蕾，先端尾状渐尖；花序修长，花萼钟形，绯红色。

常见的还有一串紫（var. *atropurpura*），即花朵紫色。

孔雀草

Tagetes patula
菊科 万寿菊属

孔雀草有“小万寿菊”之称

又名小万寿菊。

一年生草本，茎直立，通常近基部分枝，叶羽状分裂；头状花序单生，舌状花金黄色或橙色，带有红色斑；管状花花冠黄色。

孔雀草原本有一个俗称叫“太阳花”，后来被向日葵“抢去”。其花朵有日出开花、日落紧闭的习性，而且以向旋光性方式生长。

万寿菊

Tagetes erecta
菊科 万寿菊属

橙色孔雀草与黄色万寿菊组成明亮的线条，勾勒出节日的喜庆

又名臭芙蓉、蜂窝菊。

一年生草本，茎直立，粗壮，具纵细条棱，分枝向上平展；叶羽状分裂；头状花序单生，舌状花多轮，边缘略微皱曲，纯黄或者橙黄色。万寿菊花可以食用。

孔雀草与万寿菊的区别

都具有特殊的臭味，万寿菊更胜一筹。孔雀草花径3~5cm，万寿菊6~8cm；孔雀草叶长2~2.5cm，万寿菊5~10cm；孔雀草除了黄色、橙色外还有暗红色、混色等，万寿菊多为橙色、黄色两种。

木茼蒿

Argyranthemum frutescens
菊科 木茼蒿属

木茼蒿的舌状花是占卜之花

又名玛格丽特、木春菊、法兰西菊。

常绿亚灌木，高可达150厘米；单叶互生，二回羽状深裂；头状花序着生于上部叶腋，具长总梗，舌状花1～3轮，白色、粉色及淡黄色等，筒状花黄色。

16世纪时，因为挪威的公主Marguerite十分喜欢这种清新脱俗的小白花，所以就以自己的名字替花卉命名。在西方，玛格丽特也有“少女花”的别称，被许多少女喜爱。

相传只要手持玛格丽特，当一片片摘下花瓣时，口中念着“喜欢、不喜欢、喜欢、不喜欢……”待数到最后一片时，就可以对恋情作出占卜。因此被人们称为占卜之花。

勋章菊

Gazania rigens
菊科 勋章菊属

勋章菊恰似一枚耀眼的勋章

又名勋章花、非洲太阳花。

多年生草本植物，株高可达40厘米，叶由根际丛生，叶片披针形或倒卵状披针形，叶背密被白毛。头状花序单生，花色丰富，有白、黄、橙红等色，花瓣有光泽。

勋章菊花形奇特，花色丰富，其花心有深色眼斑，形似勋章，具有浓厚的野趣。勋章菊舌状花瓣纹新奇，花朵迎着太阳开放，至日落后闭合，非常有趣。

诸葛菜

Orychophragmus violaceus
十字花科 诸葛菜属

生长在老柿子树旁的诸葛菜，十分静谧

又名二月蓝。

一二年生草本，基生叶及下部茎生叶大头羽状全裂，花紫色、浅红色或褪成白色。诸葛菜冬季绿叶葱翠，春花柔美悦目。早春花开成片，花期长。

油菜

Brassica napus
十字花科 芸薹属

金灿灿的油菜花，划破西溪早春的宁静，引来蜂飞蝶舞

又名薹芥、芸薹。

一二年生草本，叶互生，分基生叶和茎生叶两种。茎生叶和分枝叶无叶柄，下部茎生叶羽状半裂，基部扩展且抱茎，总状无限花序，着生于主茎或分枝顶端。花黄色，花瓣4枚，为典型的“十”字形。

作为油料作物的油菜花，不光有经济价值，还有较高的观赏价值。

油菜进入开花季节，田间一片金黄，可谓“油菜花开满地黄，丛间蝶舞蜜蜂忙；清风吹拂金波涌，飘溢醉人浓郁香”。油菜花竞相怒放，花粉中含有丰富的花蜜，引来彩蝶与蜜蜂飞舞花丛间。浓郁花香令人陶醉，美丽风景让人流连。

矢车菊

Centaurea cyanus
菊科 矢车菊属

蓝色花的矢车菊，亭亭玉立，白色的相框点缀在铺满粉色雏菊的地面上，十分静谧

又名蓝芙蓉、翠兰、荔枝菊。

一二年生草本植物，基生叶，顶端排成伞房花序或圆锥花序。总苞椭圆状，盘花，蓝色、白色、红色或紫色。矢车菊株型飘逸，花态优美，非常自然。

花菱草

Eschscholtzia californica
罂粟科 花菱草属

花菱草花瓣外观呈扇形，还泛着丝绸般的光泽

又名加州罂粟、洋丽春。

一二年生草本，茎直立，基生叶数枚，多回三出羽状细裂；花单生于茎和分枝顶端，花托凹陷，漏斗状或近管状，花开后成杯状，花瓣4枚，黄色，基部具橙黄色斑点。

紫云英

Astragalus sinicus
豆科 黄芪属

可食用可观赏可做绿肥的紫云英

又名翘摇、红花草、草子。

一二年生草本，多分枝，匍匐，奇数羽状复叶；总状花序生5～10花，呈伞形；总花梗腋生，较叶长；花冠紫红色或橙黄色。

夏玮瑛在《植物名释札记》称：“紫云英之名，应该解释为紫色的‘云英’”。矿物云母有5种，其中“五色并具而多青者名云英”。由此可见，紫云英之名，由矿物而来。

紫云英不算稀罕物，过去作为绿肥及猪饲料而生。其中翘摇的名字是因其花“翘起摇动”而得名。李时珍称，紫云英“茎叶柔婉，有翘然飘摇之状”。

紫云英的嫩茎叶可以当做蔬菜食用，不过尝味期很短，仅限于初春，一旦开花味道就老了。《红楼梦》中，贾宝玉口中的“红的自然是紫芸”指的就是紫云英。

蓟

Cirsium japonicum
菊科 蓟属

花长得像个毛刺球，却也十分富有野趣

又名山萝卜、大蓟、地萝卜。

多年生草本，块根纺锤状或萝卜状，头状花序直立，少有下垂的，少数生茎端而花序极短，不呈明显的花序式排列。总苞钟状，直径约3厘米。小花红色或紫色。

蓟植株高大，密被小刺，大朵蓝紫色的花盛开时，在刺的保护下只可远观不可亵玩，使其蒙上了一丝神秘的色彩。

春飞蓬

Erigeron philadelphicus
菊科 飞蓬属

春飞蓬，在水面的映衬下，纯洁妩媚

又名女菀、野蒿、牙肿消、牙根消。

一年生或二年生草本，茎粗壮，直立，上部有分枝，绿色，下部被开展的长硬毛，上部被较密的上弯的短硬毛；基部叶花期枯萎，长圆形或宽卵形，少有近圆形；头状花序数个或多数，排列成疏圆锥花序；外围的雌花舌状，2层，上部被疏微毛，舌片平展，白色。

春飞蓬具有消食止泻、清热解毒、截疟之功效。用于治疗消化不良、胃肠炎、齿龈炎、疟疾、毒蛇咬伤。

蒲公英 | *Taraxacum mongolicum*

菊科 蒲公英属

蒲公英极具童趣

又名黄花地丁、婆婆丁、姑姑英、地丁。

多年生草本，根圆柱状，叶倒卵状披针形、倒披针形或长圆状披针形，先端钝或急尖，边缘有时具波状齿或羽状深裂，有时倒向羽状深裂或大头羽状深裂，顶端裂片较大；花葶一至数个，与叶等长或稍长，上部紫红色，密被蛛丝状白色长柔毛；头状花序淡绿色，舌状花黄色。

蒲公英花朵蕴含丰富的花蜜，因此每当开花时节，蜜蜂会蜂拥而至。其花朵繁密，花期长，且成熟果序能随风飘扬，是很多大人小孩喜爱的玩具，其趣味性和参与性是其他植物所不能比的。

板蓝根

Isatis indigotica

十字花科 菘蓝属

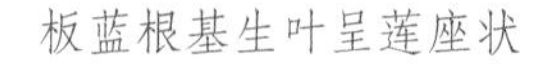

板蓝根基生叶呈莲座状

板蓝根的花序

又名茶蓝、菘蓝、大青叶。

一二年生草本，基生叶莲座状，长圆形至宽倒披针形，顶端钝或尖，基部渐狭，全缘或稍具波状齿，具柄；基生叶蓝绿色，花瓣黄白色，宽楔形；短角果近长圆形。

板蓝根入药有清热解毒、凉血之功能，主治流行性感冒、流行性腮腺炎、流行性乙型脑炎、流行性脑脊髓膜炎、急性传染性肝炎、咽喉肿痛。

最早出现于医药典籍中的只有“蓝”这一个字而已，而这个“蓝”指的就是菘蓝。《说文解字》中的描述是：“蓝，染青草也”。当时的菘蓝，主要是衣服的染料。至于名字逐渐演变成“菘蓝”，则很可能是为了区别其他的蓝色染料植物。

薄荷

Mentha haplocalyx
唇形科 薄荷属

薄荷可醒脑提神

又名银丹草、夜息香、水薄荷、水益母、接骨草、鱼香草。

多年生草本，茎直立，具纤细的须根及水平匍匐根状茎，锐四棱形，轮伞花序腋生，花冠淡紫，外面略被微柔毛。薄荷虽然是一种平淡的植物，但它的味道沁人心脾，清爽从每一个毛孔渗进肌肤，身体里每一个细胞都通透了，是一种很幸福的感觉。

罗勒

Ocimum basilicum
唇形科 罗勒属

罗勒散发出如丁香般的芳香，略带有薄荷味

又名九层塔、香菜、家佩兰。

一年生草本，具圆锥形主根及自其上生出的密集须根；茎直立，钝四棱形，上部微具槽，基部无毛，上部被倒向微柔毛，绿色，常染有红色，多分枝；叶卵圆形至卵圆状长圆形；总状花序顶生于茎、枝上，各部均被微柔毛，由多数具6花交互对生的轮伞花序组成；花冠淡紫色，或上唇白色下唇紫红色，伸出花萼。

罗勒叶子呈椭圆尖状，花朵为紫白色，罗勒具有特殊香味特征，一般而言会散发出如丁香般的芳香，也略带有薄荷味，稍甜或带点辣味的，香味随品种而不同。

益母草

Leonurus artemisia
唇形科 益母草属

益母草是治疗妇科病的良药

又名益母蒿、益母艾。

一二年生草本，其上密生须根的主根，钝四棱形，花序最上部的苞叶近于无柄，线形或线状披针形，轮伞花序腋生，具8～15花，轮廓为圆球形，多数远离而组成长穗状花序；花冠粉红至淡紫红色。

《诗经·王风》“中谷有蓷”的蓷指的就是益母草，《神农本草经》也将其列为上品。“茁子入面药，令人光泽”，专治妇女病痛，并有美容效果，因此取名益母草。

夏枯草

Prunella vulgaris
唇形科 夏枯草属

入夏即会枯黄的夏枯草

又名麦穗夏枯草、铁线夏枯草、麦夏枯、铁线夏枯。

多年生草本植物。匍匐根茎，节上生须根；花萼钟形，花丝略扁平，花柱纤细，先端裂片钻形，外弯；花盘近平顶。

夏天枯黄时采集入药，有清热散结之功效。

薰衣草

Lavandula angustifolia
唇形科 薰衣草属

淡蓝色的薰衣草极具浪漫色彩

又名香水植物、灵香草、香草、黄香草。

多年生草本，叶线形或披针状线形，轮伞花序通常具6～10花，多数，在枝顶聚集成间断或近连续的穗状花序；薰衣草是一种馥郁的紫蓝色小花。它就像其原产地一样具有浪漫的情怀。

薰衣草植物种类繁多，具有很高的生态观赏价值。其植株低矮，可做到绿化、美化、彩化、香化一体。既能观赏，又能净化空气、治疗疾病，起到医疗保健的作用。

法国薰衣草，香味较浓郁

铁线莲 | *Clematis florida* 毛茛科 铁线莲属

藤本皇后铁线莲十分适合做户外婚庆装饰

花大如掌，茎若细丝

又名铁线牡丹、番莲、金包银、山木通。

草质藤本，长1～2米。茎棕色或紫红色，具6条纵纹，节部膨大；二回三出复叶，连叶柄长达12厘米；小叶片狭卵形至披针形，顶端钝尖，基部圆形或阔楔形，边缘全缘，花开展，直径约5厘米；萼片6枚，倒卵圆形或匙形。花色丰富而艳丽。

野蔷薇

Rosa multiflora var. *multiflora*
蔷薇科 蔷薇属

西溪较多见的野蔷薇，为春天的西溪增添了无尽的野趣

又名白残花、刺蘼。

攀缘灌木，小枝圆柱形，通常无毛，小叶5～9，花多朵，排成圆锥状花序，花瓣白色，宽倒卵形，先端微凹，基部楔形；花柱结合成束，无毛，比雄蕊稍长。果近球形，红色。

多花蔷薇

Rosa multiflora
蔷薇科 蔷薇属

又名蔷薇、蔓性蔷薇、墙蘼。蔷薇科蔷薇属部分植物的通称。

主要指蔓藤蔷薇的变种及园艺品种。大多是一类藤状爬篱笆的小花。

落叶灌木，变异性强。茎刺较大且一般有钩，每节大致有3、4个；叶互生，奇数羽状复叶，小叶为5～9片，叶缘有齿，叶片平展但有柔毛；花常是6～7朵簇生，为圆锥状伞房花序，生于枝条顶部，每年只开一次；蔷薇花花盘环绕萼筒口部，有白色、黄色等多种颜色。花谢后萼片会脱落；果实为圆球体。

花色泽鲜艳，气味芳香，是香色并具的观赏花。枝干呈半攀缘状，可依架攀附成各种形态。

清明过后，蔷薇开始着花，其况味，既无邪又霸道，既娇媚又天真。

蔷薇枝条呈蔓性，春季开花，常常用高架引之成蔷薇架，唐代高骈有诗“绿树阴浓夏日长，楼台倒影入池塘。水晶帘动微风起，满架蔷薇一院香。”

满架蔷薇一堤香

紫藤 | *Wisteria sinensis* 豆科 紫藤属

紫藤花姿妩媚，芳香且可食用

又名朱藤、藤萝。

落叶攀缘缠绕性大藤本植物，茎右旋，枝较粗壮，冬芽卵形；奇数羽状复叶，托叶线形，早落；小叶3～6对，纸质，卵状椭圆形至卵状披针形，小托叶刺毛状，宿存。干皮深灰色，不裂；春季开花，青紫色蝶形花冠，花紫色或深紫色，十分美丽。

紫藤是传统园林花木中的四大蔓木之一，或称四大藤花，即指藤本植物中的紫藤、凌霄、忍冬、葡萄。紫藤最健，凌霄最娇，忍冬常绿，葡萄实惠。自古以来，垂直绿化即以其为最佳材料，而紫藤居首位。现在绿化工程的藤本品种增多，但人们对四大传统藤花的评价仍然未变。

甜香四溢，藤满池塘

民间常将紫色花朵或水焯凉拌，或者裹面油炸，制作“紫萝饼”“紫萝糕”等风味面食。

紫藤为长寿树种，如苏州拙政园还有明代文徵明所种植的紫藤，依旧开得很好。暮春时节，一串串硕大的花穗垂挂枝头，紫中带蓝，灿若云霞，灰褐色的枝蔓如龙蛇般蜿蜒，紫藤更是自古以来文人墨客皆爱咏诗作画的题材。

紫藤也是世界知名的观赏植物，暮春时节开花，是花木中少见的高大藤本植物，枝叶茂密，紫色花序悬垂，开花繁盛，有香气，条蔓缠结。

木香

Rosa banksiae
蔷薇科 蔷薇属

白木香，花开如雪，香气四溢

又名蜜香、青木香、五香、广木香。

攀缘小灌木，小枝圆柱形，无毛，有短小皮刺；老枝上的皮刺较大，坚硬；花小形，多朵组成伞形花序，花瓣重瓣至半重瓣，白色，倒卵形，先端圆，基部楔形。

木香之名最先出现在《花镜》中，植株形如蔷薇，农历四月开花，花香馥郁，因此叫木香。花开时节，望若香雪。

白花者宛如香雪，黄花者灿若匹锦，花香馥清远，故有“木香”之名。

《本草纲目》记载“本名蜜香，其因香气如蜜也”。木香兼具花色及花香，可谓“只因爱学宫妆样，分得梅花一半香”。

黄木香

Rosa banksiae f. *lutea*
蔷薇科 蔷薇属

花繁叶绿的黄木香，远看似繁星，寻香前往方可一睹芳容

攀缘小灌木，高可达6米；小枝圆柱形，无毛，有短小皮刺；叶3～5片，叶片椭圆状卵形或长圆状披针形，花小形，多朵呈伞形花序，萼片卵形，花黄色重瓣，花瓣倒卵形。花朵较多，花期较长。

黄菖蒲

Iris pseudacorus
鸢尾科 鸢尾属

黄菖蒲用黄色的花朵，点亮西溪早春的水岸

又名黄花鸢尾、黄鸢尾。

多年生草本，根状茎粗壮，花茎粗壮，有明显的纵棱，上部分枝，茎生叶比基生叶短而窄；苞片3～4枚，披针形，花黄色，外花被裂片卵圆形或倒卵形，花丝黄白色，花药黑紫色；花柱分枝淡黄色，顶端裂片半圆形，子房绿色，三棱状柱形。

黄菖蒲叶丛、花朵特别茂密，是湿地水景中使用量较多的花卉。展示出诗情画意的画面。

鸢尾‘路易斯安娜’

Iris fulva 'Louisiana Hybrids'
鸢尾科 鸢尾属

色彩丰富的‘路易斯安娜’鸢尾，好似翩翩起舞的彩蝶

又名美国杂种鸢尾。

常绿水生鸢尾，花茎高80 ~ 100厘米。花单生，为蝎尾状聚伞花序，着花 4 ~ 6朵，单花寿命2 ~ 3天，单花序花期12 ~ 15天。 旗瓣（内瓣）3枚，垂瓣（外瓣）3枚，雌蕊瓣化。花后结蒴果，果实3室，外形6棱。

多年生常绿草本植物，耐湿也耐干旱，但湿地生长明显比旱地生长良好，在水深30 ~ 40厘米水域发育健壮。冬季生长停止，但叶仍保持翠绿。3月中旬前后，具4 ~ 5片基生叶的单株，顶芽开始分化为花芽，4月拔节抽出花序，5月中旬开花。花后，越夏期间抗热性较强。

睡莲

Nymphaea tetragona
睡莲科 睡莲属

睡莲花色绚丽多彩，花姿楚楚动人，被人们赞誉为“水中女神”

又名子午莲。

多年生浮叶型水生草本植物，根状茎短粗。叶纸质，心状卵形或卵状椭圆形，基部具深弯缺，花直径3～5厘米，花梗细长，花萼基部四棱形，萼片革质，花瓣颜色丰富。

睡莲喜阳光，通风良好，所以白天开花的热带和耐寒睡莲在晚上花朵会闭合，到早上又会张开。每朵花开2～5天，花后结实。

萍蓬草

Nuphar pumila
睡莲科 萍蓬草属

萍蓬草浮叶马蹄形，花朵金黄，高耸出水面

又名黄金莲、萍蓬莲。

多年生水生草本，叶纸质，宽卵形或卵形，花直径3～4厘米；花梗长40～50厘米，萼片黄色，外面中央绿色，矩圆形或椭圆形。

荇菜

Nymphoides peltatum
龙胆科 荇菜属

被誉为《诗经》第一草的荇菜

又名莕菜、莲叶莕菜、驴蹄莱、水荷叶。

多年生水生草本，茎圆柱形，多分枝，密生褐色斑点，节下生根。其根和横走的根茎生长于底泥中，茎枝悬于水中，生出大量不定根，叶和花漂浮水面，花梗圆柱形，花冠金黄色。荇菜叶片小巧别致，鲜黄色花朵挺出水面，花多且花期长。

《诗经·周南·关雎》中“参差荇菜，左右流之”“参差荇菜，左右采之”“参差荇菜，左右芼之”，用荇菜或左或右漂浮不定比喻求爱的不易，也以物候交代出男女热恋的时令。

红枫

Acer palmatum 'Atropurpureum'
槭树科 槭属

红枫叶片终年呈现红色

又名紫红鸡爪槭、红枫树、红叶、小鸡爪槭、红颜枫、紫叶鸡爪槭。

落叶小乔木，树姿开展，小枝细长，单叶交互对生，叶掌状深裂，裂深至叶基。春、秋季叶红色，夏季叶紫红色。嫩叶艳红，老叶终年紫红色。伞房花序，顶生，杂性花。翅果，幼时紫红色，成熟时黄棕色，果核球形。

红枫的叶片里含有多种色素，分别为叶绿素、叶黄素、胡萝卜素、类胡萝卜素等。在植物的生长季节，由于叶绿素占绝对优势，叶片便鲜嫩翠绿。秋季来临，气温下降，叶绿素合成受阻，同时叶绿素在低温下转化为叶黄素和花青素时叶片就呈现出黄色，而进一步转化为花色素苷的红色素，使叶片呈现出红色，故名红枫。

日本红枫

Acer palmatum var. *atropurpureum*
槭树科 槭属

日本红枫春景

日本红枫冬景

又名日本红丝带。

被誉为“四季火焰枫”。落叶小乔木或灌木，树冠呈扁圆形或伞形，叶掌状5~7深裂，卵状披针形，单叶互生，叶片先端尖锐，叶缘有锯齿。秋季的时候新叶能够保持红色，但已经发暗，老叶已经变成墨绿色。

新叶初生时的日本红枫

日本红枫树姿优美，春夏季新叶吐红，叶色鲜艳美丽，老叶则有返青表现，具有“红袖善舞翠云间”的火热魅力。

羽毛枫

Acer palmatum 'Dissectum'
槭树科 槭属

羽毛枫因叶裂片狭长似羽毛而得名

又名细叶鸡爪槭、塔枫。

鸡爪槭（*Acer palmatum*）的园艺变种。羽毛枫为落叶灌木，高一般不超过4米。树冠开展，叶片细裂，秋叶深黄至橙红色，枝略下垂。新枝紫红色，成熟枝暗红色；嫩叶艳红，密生白色软毛，叶片舒展后渐脱落，叶色亦由艳丽转淡紫色甚至泛暗绿色；叶片掌状深裂达基部，裂片狭似羽毛，入秋逐渐转红。

毛鸡爪槭（*Acer pubipalmatum*），叶形也似鸡爪槭般秀丽，入了秋，色彩较鸡爪槭和红枫更为惊艳。毛鸡爪槭在浙江的山区常见，叶裂片较细，最明显的特征是叶片背面有软质的毛，叶脉更明显，入了秋，色彩极为浓艳。

鸡爪槭‘金贵’

Acer palmatum 'Katsura'
槭树科 槭属

鸡爪槭‘金贵’

鸡爪槭中优选出的变异品种，新芽红色，嫩叶亮黄色、叶缘橙红色，成熟叶叶缘变为黄色，生长旺盛期叶色为黄绿色，11月上旬叶色变为橙红色，观赏期长达160天左右。夏季无焦叶现象，此品种的优异表现，为黄枫系中的佼佼者。

鸡爪槭‘橙之梦’

Acer palmatum 'Orange Dream'
槭树科 槭属

鸡爪槭‘橙之梦’

落叶小乔木，枝干常年呈红色，新叶橙黄色，夏季为黄绿色，秋季叶片呈现灿烂的金色。

春天新叶亮黄色，边缘为橙红，非常漂亮。夏季叶片变为浅绿色到黄绿色。夏季叶色较浅，容易被强光照灼伤。秋季叶片颜色又变为亮黄色到橙色。

鸡爪槭‘蝴蝶’

Acer palmatum 'Butterfly'
槭树科 槭属

鸡爪槭‘蝴蝶’

俄罗斯红枫变异合成的多色彩叶枫，叶片可分出深红、大红、浅红、橘红、橙黄、大黄、鹅黄、嫩绿、深绿等十几种颜色。秋霜过后，依其树龄不同，树叶的老嫩不同，树叶的颜色各异，就是同一株树的老枝与新梢，上面的颜色也大不一样。五彩枫亭亭玉立地站在维尔霍扬斯克山脉上，有的一树金黄，像锦缎闪光；有的一树绯红，似彩云落坡；有的红黄绿集于一树，斑驳陆离，绚烂多彩。

鸡爪槭‘幻彩’

Acer palmatum 'Aka shigitatsu sawa'
槭树科 槭属

鸡爪槭‘幻彩’

落叶小乔木，因其色彩丰富，如梦如幻，因而得名。早春新叶暗绿色，慢慢转变为花叶，多为粉红色和白色，展现出奇幻的色彩，致使叶片扭曲，大小及形状各不同。秋季经霜后整株呈橙红色。

红枫和鸡爪槭的区别

红枫　鸡爪槭的一个变种。枝干的外皮比较粗糙，而且较硬实，呈红褐色，叶子由5～9片组成，而且每片间开裂得比较深，有的甚至可以达到全裂，红枫的叶子从春季开始就是红色的，一直会红到秋季，冬季就会凋落；花期4～5月。

鸡爪槭　枝干的外皮比较细腻而且非常的有柔韧性，呈绿色，其叶虽然也是由5～9片组成，但是最常见的还是7片，它的每处间开裂的深度要比较小，最大开裂处也就叶子的1/3处。其叶子春季是绿色的，夏季与春季一样，等到了秋季才会变成红色，冬季也会凋落，鸡爪槭的花期5月。

鸡爪槭的整体树型要比红枫的整体树型更加的疏松一些，红枫叶子一直是红色，鸡爪槭只在深秋才会转红，夏季以绿色为主基调。

鸡爪槭‘赤枫’

鸡爪槭‘青龙’

朱蕉

Cordyline fruticosa

百合科 朱蕉属

蓝色的相框，配上朱红色的朱蕉，与远处的大片朱蕉相呼应，好似一幅画

朱蕉株型美观，色彩高雅

又名朱竹、铁莲草、红叶铁树、红铁树。

灌木状，直立。叶聚生于茎或枝的上端，矩圆形至矩圆状披针形，长25～50厘米，宽5～10厘米，绿色或带紫红色，基部变宽，抱茎；侧枝基部有大的苞片，每朵花有3枚苞片；花淡红色、青紫色至黄色，以观叶为主。朱蕉株形美观，色彩华丽高雅。

结语

党的十八大要求大力推进生态文明建设，把生态文明建设融入我国经济建设、政治建设、文化建设、社会建设的各方面和全过程，努力建设美丽中国。

这是美丽中国首次作为执政理念提出，也是中国建设形成五位一体格局的重要依据。其最基本的理念就是创造美、表达美，让人们感受美、享受美。

西溪花朝节正是这种理念的体现和表达，按照美学规律进行，营造出优美而富于文化内涵的花卉景观。

在漫长的历史发展过程中，花卉与国人的生活日益密切，花卉植物也就不断地被注入人的思想和情感，不断地融进文化与生活内容，从而形成了一种与花卉文化相关的文化现象和以花卉为中心的文化体系和中国的花卉文化。花朝节及花朝文化也是中国花卉文化的重要分支。

在以“花”为主题的花朝节这一传统节日中，在创新的前提下，保留节日的传统性，也为发展节约型社会做出贡献，为新型的旅游项目开辟新的篇章，类似花朝节的传统花卉节日，除了让人们体会到花卉事业日新月异的发展之外，更让人们体会到其中的文化内涵。

文化是一个国家和民族的命脉，是一个国家在世界文化交融碰撞中站稳脚跟的坚实根基，而艺术是广义文化最直观形象的表现。以传统艺术为先导推广中华传统文化，有利于打破西方世界的成见，更好地展示和弘扬中华文化精神，提升我国的文化软实力，早日实现中华民族伟大复兴的中国梦。

花朝节的恢复来之不易，而杭州西溪花朝节更离不开园林界人士的辛勤付出与全国人民的大力支持。杭州西溪花朝节的花卉景观有其独到的理念和经验，其模式甚至成为了国内许多花事活动的借鉴模板。但是其存在的问题和不足也还有很多，发展的空间和可发掘的潜力都很大。只有各界人士积极参与，广大人民群众多提建议，不断完善才能将花朝节更好地传承下去，才能更进一步提高我们的生活品质，丰富我们的日常生活，带动花卉产业的不断发展，做到花朝花开花满堤，花朝花开花满园，花朝花开满华夏，建设我们美丽的中国。

附录

岁月更迭，花开花落，日子从农历二月十五，到芒种节，便是夏季五月节。旧日习俗认为此日为众花皆谢，所有的花神退位，必须要饯行。

《红楼梦》中大观园的众女子，便一大早起来摆设各种礼物祭奠花神，有的用花瓣柳枝编成轿马，有的用绫锦纱罗叠成仪仗旗杆，为花神饯行……

繁花似锦，姹紫嫣红，花朝花开花满堤，将西溪花朝节推向了高潮。

西溪绿堤

四季轮回，春种秋播，
一年四季皆有景。

2015 西溪

十二花神

在百花的传说中，农历的十二个月，每月有一种当月开花的花卉，谓之月令花卉，而每月有一位或多位才子、佳人被封为掌管此月令花卉的花神。中国民间传说农历二月十五是百花的生日，人们称之为花朝，因此中国民间便有一个花朝之庆。所谓“花朝”实指百花竞放之时。清代蔡云有诗云：“百花生日是良辰，未到花朝一半春。万紫千红披锦绣，尚劳点缀贺花神。”讲的正是百花盛开为花神祝寿的景象。

华海镜教授为赛石花朝节精心创作的十二花神字画作品，是对传统花朝文化的传承和创新，实现了文化艺术与休闲旅游的有机结合，对赛石集团进一步弘扬花卉文化、花朝文化及中国传统文化有着积极作用。

十二花神介绍

一月兰花花神 屈原

他亲手在家“滋兰九畹，树蕙百亩”，把爱国热情寄托于兰花，并赞兰花“幽而有芳”，且常身佩兰花，故后人把兰花视为“花中君子”和“国香”，把兰花作为高尚气节和纯真友谊的象征。

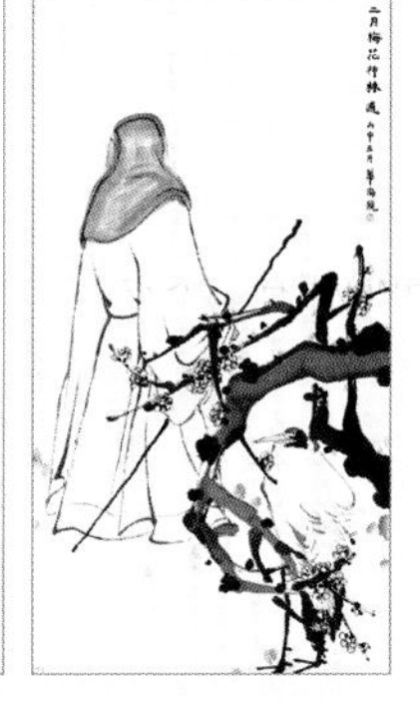

二月梅花花神 林逋

他终生无官、无妻、无子，隐居西湖孤山，植梅为妻，畜鹤为子。他的“疏影横斜水清浅，暗香浮动月黄昏”诗句，被赞为神来之笔。梅花被誉为“国魂”和“花魁”，把它视为敢为天下先优秀品德的象征。

三月桃花花神 息夫人

桃花的花神最早相传是春秋时代楚国息侯的夫人，息侯在一场政变中，被楚文王所灭。楚文王贪图息夫人的美色意欲强娶，息夫人不肯，乘机偷出宫去找息侯，息侯自杀，息夫人也随之殉情。此时正是桃花盛开的三月，楚人感念息夫人的坚贞，就立祠祭拜，也称她为桃花神。

洛陽城裏重花朝
太白詩章妃子嬌
剎那芳華妝落盡
春深歸處望虹橋

四月牡丹花神 杨贵妃

牡丹花花神杨贵妃，丰腴美艳，倾国倾城，唐代奉牡丹为国花，封美人杨贵妃为牡丹花神尤为恰当，艳丽的牡丹与杨贵妃互为映衬，堪称双绝。诗人李白奉唐玄宗之命赏名花，写下三首流传千古的清平调词，把牡丹之鲜艳与杨玉环之美丽描绘得淋漓尽致。杨贵妃死后，兴庆宫沉香亭畔的牡丹花愈加繁茂灿烂；人们说那是杨贵妃的灵魂精魄，依附在牡丹花上的缘故，因此尊她为四月牡丹花花神。

烈日燒成一樹彤
萬花攢動火玲瓏
高懷不與春風近
破腹時看肝膽紅

五月石榴花神 钟馗

石榴花的花神传说是钟馗，五月是疾病最容易流行的季节。于是汉族民间传说的“鬼王”钟馗，便成为人们信仰的主要对象，生前性情十分暴烈正直的钟馗 ，死后更誓言除尽天下妖魔鬼怪。其嫉恶如仇的火样性格恰如石榴迎火而出的刚烈性情，因此大家就把能驱鬼除恶的钟馗视为石榴花的花神。

凌波一舞碧羅舒
落月紛紛過眼虛
搖曳芳魂雲水畔
蓮歌飛入五湖居

六月荷花花神 西施

荷花的花神相传是绝代美女西施。传说中西施在助越灭吴之前，是卖柴人家之女，夏日荷花盛开时，西施常到镜湖采莲，也许因为西施曾经是六月时节的采莲女，她美丽的身影无人能比，于是就自然成为莲花的花神了。

七月蜀葵花神 李夫人

蜀葵花神相传是汉武帝的宠妃李夫人。李夫人的兄长李延年曾为她写了一首动人的歌：北方有佳人，绝世而独立，一顾倾人城，再顾倾人国，宁不知倾城与倾国，佳人难再得。由于李夫人早逝，短暂而又绚丽的生命宛如秋葵一般，人们就以她为七月蜀葵的花神了。

八月桂花花神 徐惠

桂花的花神相传为唐太宗的妃子徐惠。徐惠生于湖州长城，自小就聪慧过人，五月大就会说话，四岁就能读论语，八岁能写诗文。因为才思不凡，被唐太宗招入宫中，封为才人。太宗死后，徐惠哀伤成疾，二十四岁就以身殉情。后世就封这位才情不凡的女子为桂花的花神。

九月菊花花神 陶渊明

九月菊花的花神，自然是那一生爱菊如痴的陶渊明。他为菊花写下“采菊东篱下，悠然见南山”的千古佳句。相传某年九月九重阳节又至，陶渊明枯坐在宅边菊花丛中，采了一大把菊花把玩。难耐酒樽空，怎忍花零落？这时，忽闻马蹄声近，原来是江洲刺史王弘派人送酒来了，于是他以掌中菊花做下酒物，欣然酌酒。这个故事后来流传到汉族民间，每到重阳节，饮菊花酒，感受陶渊明的闲情逸致，体会他那淡泊独立的精神，便成为民众的一大习俗。

十月木芙蓉花神 石曼卿

石曼卿性情豪放，饮酒过人。据说在石曼卿死后，有人在开满红花的仙乡芙蓉城遇到他，石曼卿说他已经成为芙蓉城的城主，后人就以石曼卿为十月芙蓉的花神。

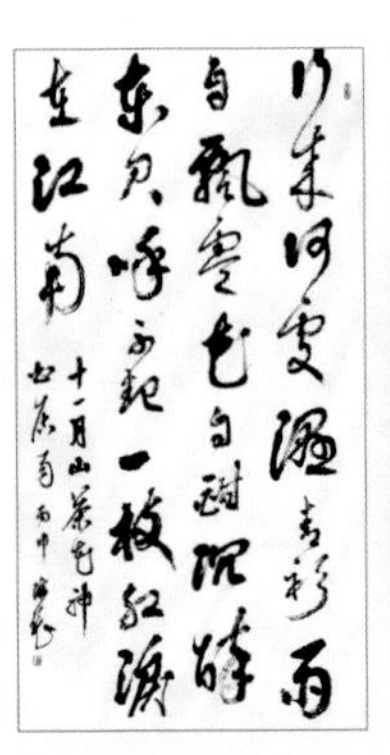

十一月山茶花神 白居易

相传山茶花神是白居易。白居易，字乐天，号香山居士、醉吟先生。唐代著名诗人，与李白杜甫齐名，并称唐代三大诗人。传闻中并没有说明为什么白居易是山茶的花神，也许是诗人不畏强权的性情与山茶的不畏寒风细雨相似吧。

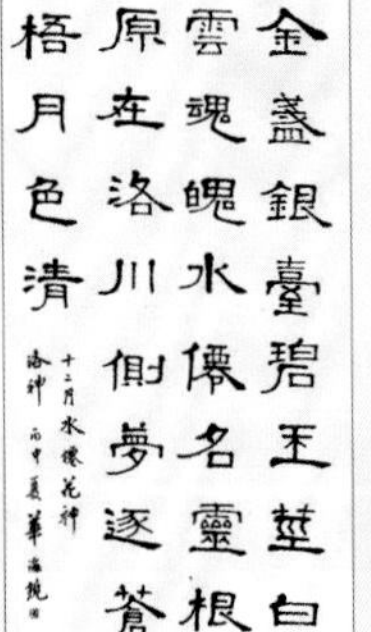

十二月水仙花神 洛神

由于水仙花生于水边，其姿态飘逸清雅，有若凌波仙子，所以人们以洛神为水仙花神。